中等职业学校服装设计与工艺专业系列教材

服装美术基础

林 叶 杨容容 高彦从 编

机械工业出版社

本书共分为10个项目，内容循序渐进，主要包括素描基础知识、素描基础训练、素描静物训练、服装绘画基础训练、时装画人体基础知识、时装画人体训练、色彩基础训练、图案基础知识、图案基础训练、服装效果图训练。

本书可作为中等职业学校服装设计与工艺专业的教材，也可供从事服装设计与工艺的技术人员参考。

图书在版编目（CIP）数据

服装美术基础/林叶，杨容容，高彦从编.—北京：
机械工业出版社，2013.8（2024.10重印）
中等职业学校服装设计与工艺专业系列教材
ISBN 978-7-111-43236-4

Ⅰ.①服…　Ⅱ.①林…　②杨…　③高…　Ⅲ.①服装—
绘画技法—中等专业学校—教材　Ⅳ.①TS941.28

中国版本图书馆CIP数据核字（2013）第150791号

机械工业出版社（北京市百万庄大街22号　邮政编码100037）
策划编辑：朱　华　马　晋　责任编辑：朱　华　马　晋　林　静
版式设计：常天培　　　　　　责任校对：张　力　刘雅娜
责任印制：单爱军
北京虎彩文化传播有限公司印刷
2024 年10月第 1 版第 8 次印刷
184mm×260mm·13.5 印张·334 千字
标准书号：ISBN 978-7-111-43236-4
定价：49.80 元

电话服务　　　　　　　　　　网络服务
客服电话：010-88361066　　机　工　官　网：www.cmpbook.com
　　　　　010-88379833　　机　工　官　博：weibo.com/cmp1952
　　　　　010-68326294　　金　书　网：www.golden-book.com
封底无防伪标均为盗版　机工教育服务网：www.cmpedu.com

中等职业学校服装设计与工艺专业系列教材
编审委员会

序

　　学好服装设计与工艺专业取决于多方面的因素，一是学习兴趣，二是学习的资源，三是学习的策略，四是成就感，五是实践的机会。"兴趣是最好的老师"。有兴趣，我们才愿意付出时间、精力和代价，才能"为伊消得人憔悴"但却"无怨无悔"。有学习的资源，就是有各种各样学习服装专业理论与技能的机会。有些资源可以直接通过网络、各类服装作品或媒体获得，还有一些则是经过专家或老师的选择和编排，并附有各种练习的训练材料。学习的策略，就是要根据自己的学习目标，根据自己的现有能力、学习风格和学习条件，选择最适合自己的学习方法，培养自己的自主学习和终身学习的能力，最终成为一个成功的学习者。成就感，就是经常有机会证明自己的学习效果或成就，尤其是通过自己所具备的专业知识与专业技能改善自己与他人的着装结构，提高自己的综合素质和能力。实践机会，就是努力争取和获得服装行业各方面的实践机会。大家知道，学习服装专业，仅靠课堂上的输入，仅靠教材显然是不够的，大量的实践是必不可少的，以项目为实践依托，提供大量的实践机会，培养在"做"中求知，在"动"中感知，在"用"中增知，有利于学生掌握并实际应用，从而取得令人满意的效果。

　　我们编写这套教材的理论依据就是以上对成功学习服装设计与工艺专业所涉及的重要因素的理解和分析，以便形成"多赢"态势。项目教学法在国外已广泛用于职业教育，但我国目前还没有完全按照这种思路编写的服装设计类专业教材。本套教材以构思巧妙的教学内容和生动的画面，加上极富特色的任务、项目及教学评价，带给学生一种活泼、欢快的学习环境。针对中职学生的特点，通过从学生的就业入手，确定服装专业课的教学目标；从教学的目标入手，设计服装专业课的教学项目；从学生的发展入手，评价服装专业课的教学效果等方面的实践探索，使中职服装课教学更有效，达到培养合格人才的目的，使学生毕业后走向工作岗位能更快地适应市场。

　　然而编写这样一套系列教材绝非易事。在前期，我们广泛听取了服装行业企业管理者、中高等职业教育者和学生家长等各方面的意见，经过数十次研究讨论，决定了以下对课程进行定位与设置的原则：①突出项目教学法的特点，各教学活动围绕学生自己和周围的生活环境展开；②重在实用性人才的培养，打破常规的理论规范的学科体系。以实践教学为主线，提升学生的实际应用能力。③标准化要求。教材在编写中严格按最新国家标准的要求，并与ISO标准接轨。在每个项目后均有标准化考核要求，要求学生树立标准化意识，这是培养21世纪技能人才的需要。

　　这套教材主要有以下特点：①在总体设计上，以就业为导向，项目分级编写，针对性强，可在学校与企业之间发挥桥梁纽带的作用；②在选择项目上，坚持"贴近实际、贴近生活、贴近学生"的原则，突出个性化特征，选择具有时代感、内容丰富的题材，在完成项目的同时，扩大学生知识面，培养跨界交流意识；

③在难度把握上，突出"实用、够用"原则，兼顾能力的提高和兴趣及自信心的培养，为学生营造宽松的学习氛围；④在项目完成后的评价上，从学生的发展入手，突出灵活性、开放性及参与性，开阔视野、驰骋想象、学着创造，帮助学生为光明的未来做好心、智、技的准备，全面达到顺利就业的各项要求。

本套教材分主干教材（基础部分、项目部分）和选用教材。主干教材是本专业的必修课程；选用教材是为了学生进一步学习和实践打下基础。各学校可以根据自身实际情况选用。

虽然我们的努力是艰辛的，我们的设计是尝试性的，但我们相信，项目教学法将在我国中等职业学校服装专业领域逐步显示它的生命力。希望使用这套教材学习服装专业的学生，能像在高速公路上行车一般，畅通无阻，迅速到达目的地！

前　言

依据中等职业教育服装美术教学的基本要求，本书由浅入深、系统地介绍了服装美术的相关知识。在编写过程中，注重理论知识的总结，强调实践动手能力的培养，提倡时代精神，吸收最新专业信息。本书针对中职服装美术教育的培养目标，根据中职学生的特点和基础，将美术知识进行重新组织和安排，具有以下几个方面的特点：

第一，根据本专业的实际需要，合理确定学生应具备的美术知识与造型能力目标，删除繁难和针对性较差的理论内容，渗透服装专业知识，做到教材内容精简实用，以保证在有限的中职美术课程中，培养学生的美术素质。

第二，在本书的表现形式上，根据中职学生的学习特点，较多地采用绘画图片、服装照片、学生作业分析和分步绘画图片等，代替枯燥的文字描述，使理论知识和技术操作简单明了、通俗易懂；另外，本书还加入了"开眼界"、"想一想"和"练一练"小版块，对知识点进行巩固和拓展，使教材形式活泼、别具一格。

第三，根据服装美术课程内容的特点，将本书分为常识类和技能类两大部分。常识类内容包括概念、分类、专业知识介绍等美术理论知识，这部分在各知识点内容之始，设计了典型案例，意在创设问题情境；技能类包括绘画技巧、绘画步骤、绘画规律等的专业美术技能，以任务教学为蓝本，强调实用性。

本书共分为10个项目，内容循序渐进，可以给学生提供一个良好的学习平台。本书图例丰富多样，为学生提供了大量参考、临摹的范例。同时本书还采用图例与说明相结合的方式，对诸多绘画中的常见错误作了充分的说明。书中还有大量涉及新知识和新技巧的内容，为乐于尝试的同学提供了更多的选择。

本书由林叶、杨容容、高彦从编写；石家庄市第一职业中专肖兰云老师和石家庄市第三十五职业中专的时娜老师及其学生为本书提供了大量的图稿，在此表示感谢；本书还引用了其他文献资料中的内容，也对这些作者表示感谢。由于本书编写时间仓促，书中难免有不足之处，希望使用本教材的师生及同行提出宝贵的意见和建议，以便再版时修正。

编者

目　录

项目1

学习素描基础知识

任务1　认识素描

任务目标
　＊ 识别不同种类的素描。
　＊ 了解素描的基本要素。

工具箱

素描画册，你的或他人的素描作品。

知识点1　素描的分类

？ 小问号

学习专业设计课之前应先学素描。素描是什么？很重要吗？素描不止一个模式吧，因为各个美术专业学校的素描作业都不一样，为什么各个专业会选择不同种类的素描呢？

📖 小辞典

素描：广义上的素描，指一切单色的绘画，狭义上的素描，专指用于学习美术技巧、探索造型规律的素描绘画训练课程。

图1-1　创作草图

阅读下列有关素描的资料：

素描可以是为其他画种的创作所绘的稿子。许多艺术作品的粗略草图就是素描，是艺术家针对构图、光影等所进行的研究和探讨（图1-1）。

我们常见到的素描作品多数属于写生习作，习作素描能够有效地提高绘画者的造型能力，它是绘画艺术的造型基础；同学们今后所涉及的素描，就属于习作素描。

通过阅读以上有关素描的资料，我们可以发现素描的两种目的和功能，根据这两种目的和功能，我们把素描分为创作素描和习作素描两大类。

习作素描的表现形式也是多样的，主要有明暗素描和结构素描两种。

1. 明暗素描（图1-2）

明暗素描是通过对物体光与影的明暗层次刻画，来表现物象的绘画形式。明暗素描适宜于立体地表现光线照射下物象的体量感、质感、色彩感和空间感等，画面形象具体，有较强的拟真效果。

2. 结构素描（图1-3）

结构素描最显著的特征是以线条为主要的表现手段，不施过多明暗，没有太多的光影变化，造型中强调物象的理性分析，可以通过不可见的中轴线、横截面等造型因素，辅助推导出物体的结构关系，画面效果有机械味。一般来讲，结构素描适用于设计专业的造型训练。

图1-2 明暗素描

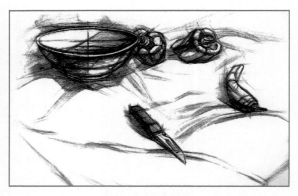

图1-3 结构素描

 开眼界

为什么设计专业要选择舍弃光影刻画的结构素描，刻意强调物象的结构特征呢？

明暗素描是绘画艺术的造型基础，尤其是水彩、油画等绘画造型专业。这些专业的作品要对物象的光色明暗、质感空间等外在因素进行描绘，因此，这些造型类专业的学习者，更需要进行全因素明暗素描的系统学习。

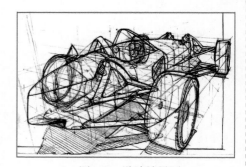

图1-4 设计效果图

　　设计类的学习者所从事的造型（设计效果图绘制，图1-4）则力图进行构思探索和想象创造，这种造型是一种从无到有的主观创作，如果仅停留在模拟实物写生，是不能满足设计造型需要的，为了培养设计学习者摆脱写生模具而复述原物，最终养成对形态的默述重组能力，我们必须选择另一种素描学习模式。

　　结构素描侧重理解和主观表现物象，在画一个物体时，要对该物体进行全方位观察，甚至把它拆开来研究，以形成一个立体的空间结构概念；在表现该物体时，要舍弃光色表象，切入造型本质再现形体结构，久之，这样的训练，会使绘画者脱离具体物象，从各种设想角度去描绘对象，或者进行重新组合，这就是结构素描训练的最终目的，其目的和设计专业的造型目标相一致，所以结构素描适用于设计专业的造型训练。

我的收获
_____
_____
_____

我的疑惑
_____
_____

自我测评　　**根据所掌握素描常识填空**

素描的种类	素描的特点
创作素描	
习作素描	
明暗素描	
结构素描	

知识点2　素描的造型要素

❓小问号

　　素描的效果，很写实，也很独特。在学习素描之前，很想知道素描是通过什么造型要素，才形成这样的效果的。

　　观察下面三组素描作品，左边的那张比右边的那张立体效果更强一些，考虑左右两张刻画的不同之处在于：

1）有明暗变化的比没有明暗变化的效果立体（图1-5、图1-6）。

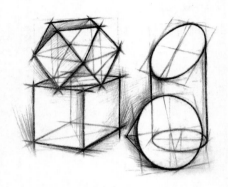

图1-5　有明暗变化的作业

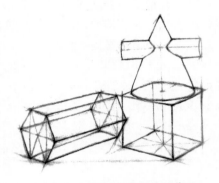

图1-6　没有明暗变化的作业

2）仅凭外形刻画的形体不够立体，具有结构分析的素描体量感较强，效果够立体（图1-7、图1-8）。

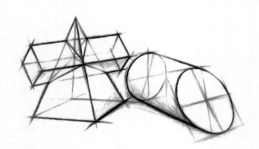

图1-7　有结构分析的作业

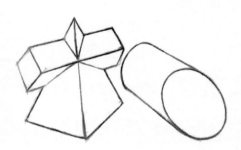

图1-8　仅凭外形刻画的作业

3）图1-9比图1-10的线更有轻重虚实效果，因此更能表现强烈的前后立体空间效果。

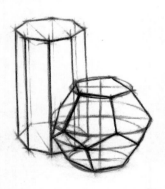

图1-9　有虚实效果的作业

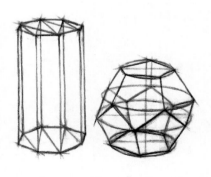

图1-10　没有虚实效果的作业

习作素描应以反映物象的客观效果为目的，需要依赖特定的造型要素进行造型塑造，只有对这些造型要素把握得好，才可以获得较为理想的绘画效果。通过以上素描习作的对比分析，我们可以总结出制约素描绘画效果的造型要素有哪些了，它们是明暗、结构和空间。

1. 物体的明暗

物体的形象在光的照射下，产生了明暗变化。由于光的照射角度不同，光源与物体的距离不同，物体面的倾斜方向不同，物体的质地不同，物体与画者的距离不同等，都将产生明暗色调的不同感觉。在素描学习中，掌握物体明暗调子的基本规律是非常重要的，物体明暗调子的规律可归纳为"三面五调"（图1-11）。

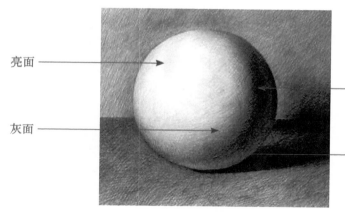

亮面 ——

灰面 ——

在灰面与暗面交界的地方，出现了一条最暗的面，叫"明暗交界"

暗面由于环境的影响出现了"反光"

图1-11　物体明暗调子的规律

物体在光线照射下出现的三种明暗区域为三大面，即亮面、灰面、暗面。物体在光线照射下出现不同深浅层次的调子，形成五大调子，即物体亮部、灰部、明暗交界线、暗部、反光五种明暗的深浅层次。我们要把这三面五调把握好，在画面中运用这几大调子来表现物象的立体效果。

简单物体（如正方体、圆体），有着三大面（亮面、灰面、暗面），其他的复杂物体，就不仅只有三个面，还要更丰富，无论多复杂，都应把它们总结成三大面五大调

图1-12　多面体素描

来画。比如，多面体具有三个以上的面，我们可以根据光线的明暗，将数个面概括成三大面来刻画（图1-12）。

2. 物体的结构

结构是指物体各部分的组合和构造。物体都有自己的外形和相应的内部构成因素，构成物体的各个部分互相连接穿插、重叠、相离等，形成了物体的形体结构。

在素描训练中只注意外形的变化，而不了解内部的构造，画出的物体就会因缺少量感而流于肤浅的表现。比如，表现一个人，仅仅了解表面的轮廓起伏，而不知道其下的骨骼肌肉构造是不行的，在绘画中，我们每画一条线、一个起伏都要体现解剖学的内容，这些内在的

结构表现，能使素描作品更加深入具体（图1-13）。因此，只有理解对象的结构变化，才能在多变的客观对象面前，准确地对物象进行主观的分析和表现，快速地塑造形体。

结构素描是很理性的，是以结构的分析和表现为主要造型手段的，它不强调明暗的刻画，没有对光效果的细腻描摹，仅凭结构构造的交代，就能把物象立体感刻画得很充分，就能把物象形体表现得很厚重，这说明了结构因素对结构素描造型的重要性。

3. 物体的空间

空间是指物体之间的前后、远近和物体自身的深度和厚度，素描中的空间主要包括形体空间和色彩空间。

形体空间塑造是指在绘画中，使用形的相互交叠遮挡、线的穿插、透视状态下的面积缩小等手段，有效地制造出物体的空间效果。

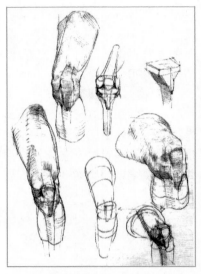

图1-13　骨骼肌肉的结构表达

色彩空间是物体在不同距离产生的色彩强弱变化，在素描上则表现为明暗变化，是表现空间感最为有力的手段。明暗对比越强，体积感就越强，空间距离就越近；明暗对比越弱，空间距离就越远。素描影调的表现方法对我们塑造物体的空间有极大的帮助。结构素描的基本表现方法虽然以线为主，但是在线表现之余，要善于利用影调层次变化，来辅助表现画面的立体感和空间感。另外，不要把结构素描的线仅仅理解为物象的外轮廓线或结构分析线，我们画的"线"还应该反映出对象的空间距离，表现出对象相应的虚实、粗细变化。这种线之间的强弱变化，实际上是"线"之间的色彩空间变化，处理好它对画面空间效果的塑造也很重要（图1-14）。

图1-14　素描中的强弱层次

? 想一想　素描被表现得"面面俱到"好不好？

有些老师在进行结构素描训练时，要求学生对每一件物体都要画得很具体，不要怕实过头，不用注意虚实变化。老师在布置石膏像和静物时，也有意减弱物体的明暗对比。你觉得这种训练合理吗？这么训练的结果不利于素描哪种造型要素的表现？

　我的收获 _____

_____

_____

　我的疑惑 _____

_____

自我测评

◇ 1. 物体在光线照射下出现三种明暗状态，称三大面，即＿＿＿、＿＿＿、＿＿＿。
◇ 2. 结构素描中，利用＿＿＿可表现出物象强烈的结构关系。
　　A. 外形刻画　　　B. 空间暗示　　　C. 构造分析　　　D. 明暗描摹
◇ 3. 素描中的空间主要包括＿＿＿、＿＿＿。

任务2　认识素描与时装画的构图和造型语言

任务目标　＊ 识别不同种类的构图。
　　　　　　　＊ 了解素描和时装画相通的各种造型元素。

工具箱

素描与时装画书籍。

知识点1　构 图 知 识

❓ 小问号

　　不管是哪个品种的绘画，不同的构图会使画面呈现出或肃穆、或优雅、或躁动等不同视觉效果，那么构图是如何使一个或一组物象，变成有独特意味的图画的？时装画和素描静物所表现的对象不同，但构图的基本效果和原理是一样的，不妨将素描和时装画的构图联系起来分析构图的作用。

📖 小辞典

　　构图：绘画者运用各种形式因素来构筑画面、组织视觉形式图像的一种手段。

　　浏览下列一组素描和时装画的构图资料，观察以下资料在构图方面的共同点。
　　三张素描的主体物分别位于画面的上部（图1-15）、下部（图1-16）和中部（图1-17）。主体物在画面上部，画面有轻浮感觉；主体物在画面下部，画面则压抑、沉稳；主体物在画面中部，画面有一种向心力，画面庄重、稳定。

 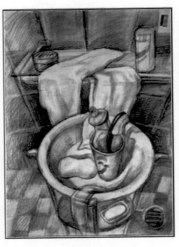 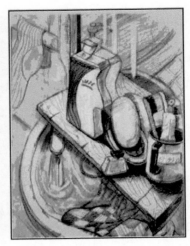

图1-15　主体物位于画面的上部　　图1-16　主体物位于画面的下部　　图1-17　主体物位于画面的中部

图1-18中时装画的主要描绘对象被安置在画面上部，表现出轻松、灵动的画面效果。

图1-18　描绘对象被安置在画面上部

图1-19中时装画主体人物在画面下部的构图，体现了前卫、躁动的服装设计主题。

图1-19　描绘对象被安置在画面下部

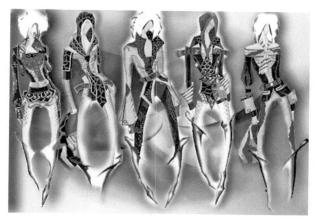

图1-20中时装画的主体人物被安置于画面中部位置，画面效果安定、平稳。

图1-20　描绘对象被安置在画面中部

　　分析上述两组有关构图的资料，可以发现同样的构图形式会对两种绘画带来相同的画面效果，这说明时装画和素描在构图方面是相通的。为了便于素描的专业化学习，有针对性地培养画面经营的独到方法，我们对时装画构图和素描构图两者的相通点，进行下列归纳介绍。

1. 匀

　　"匀"构图是指落幅造型的整体布局比较平均，效果饱满不散乱。匀不是均等，也不是"平分秋色"，不然易显得呆板，缺少变化。时装画组合中常用此法，较多见的是横排法（图1-21、图1-22）。

图1-21　素描的"匀"构图

图1-22　服装画的"匀"构图

2. 偏

　　这类构图在绘画中使用较少，虽然"偏"但偏中求均衡，在形体的呼应中偏中求正。这类构图显得活泼、生动，但也容易显得失重。此法在时装画中较为多见，效果独特（图1-23、图1-24）。

图1-23 素描的"偏"构图 　　　图1-24 服装画的"偏"构图

3. 正

这里的"正"即对称，构图庄严、稳重、平静。在设计领域"正"的构图应用较广，在一般绘画领域，"正"的构图采用不多，即使采用，也常同量不同形，为的是打破轴对称式的呆板感。单体时装画或奇数时装画中"正"的构图较常见（图1-25、图1-26）。

图1-25 素描的"正"构图 　　　图1-26 服装画的"正"构图

4. 变

这里的"变"即采用不规则、多变的组织方法构成画面。变类构图在绘画中运用颇多，这类构图可谓千变万化，最为活泼、生动，构图十分注意视觉平衡。时装画中多人组合的构图多是"变"的构图，人物之间的距离分布可紧可松，利用各人物彼此之间以动态、表情相互呼应。在构图过程中要注意背景空间的均衡，切忌画面"一头沉"。如出现这样的问题，一定要想办法在空白处作些补充（图1-27、图1-28）。

图1-27　素描的"变"构图　　　　　图1-28　服装画的"变"构图

5. 满

　　这种构图利用落幅造型的均匀穿插，营造满地花的饱满效果，画面丰盈，富有生气，缺点是容易造成画面混乱，主体不够突出。时装画中"满"构图较为常见，画者采用人体动态、服装造型和填充道具，造成满的效果，这类时装画较为生动风趣（图1-29、图1-30）。

图1-29　素描的"满"构图　　　　　图1-30　服装画的"满"构图

绘画离不开构图，就像我们写文章离不开章法一样，构图是绘画创作的基础，也是绘画学习的第一步。观上所述，时装画独特的韵味也和构图设计有着密切的联系，在我们素描写生的过程中，应强化构图训练，不断加强自己的审美意识。

 开眼界

结构素描训练必须打破传统构图模式

在我们专业，结构素描是为服装专业绘画服务的，结构素描的学习势必要为时装画的学习做好铺垫；时装画由于受刻画对象的形体比例、习惯展示方式等的制约，形成了独特的构图模式，构图大胆创新、标新立异。所以结构素描训练有必要打破传统模式，将实物更多地随机摆放，也可以让学生参与其中进行物体选择，在空间上不受因果、逻辑的制约，最终为组织多变的画面构图创造可能。

 我的收获 _____

_____

_____

我的疑惑 _____

_____

_____

自我测评

◇ 1. 根据时装画和素描在构图方面的相通点，归纳总结的五种构图模式，即_____、
_____、_____、_____、_____。

◇ 2. 在你的资料中剪下三个时装人物，在空白的画面中组织所学的五种构图。

知识点2　绘画造型语言

? 小问号

服装画家或服装专业的绘画者的素描造型是为服装专业绘画服务的，素描的训练应围绕服装画的造型需要来组织，那么服装绘画具体运用了何种绘画语言呢？在素描的练习中有没有和其相同的造型表现语言？

小辞典

绘画造型语言：物象只要被画在画面上，就会成为画面造型的一部分，我们用以表现物象造型的元素就成为绘画的造型语言，比如，素描的绘画语言是指从写生物象中提炼概括的线和调子。

浏览以下资料：时装界权威插画家David Downton正在以素描写生的方式进行时装插画创作，我们明显可以感受到他作品中的素描功力（图1-31、图1-32、图1-33）。

总结一下David Downton时装画的显著特点：包括准确的比例、精准的造型、鲜明的明暗面概括、丰富的体面结构，这些都要求绘画者有一定的素描造型基础，需要经过一定的素描造型训练，熟练掌握素描造型的表现语言。

图1-31 David Downton的创作场景　　图1-32 David Downton作品1　　图1-33 David Downton作品2

素描是时装画的基础，在素描学习的初级阶段，我们根据服装绘画的特点，进行有选择的素描造型语言的学习，这对服装绘画技术的提高具有极大的促进作用。服装专业的素描，根据服装绘画的造型特点，影调应概括提炼，强调形式美感，线条应强调表达能力，对其粗细、虚实、轻重、断续等方面进行处理组织。下面就服装画和素描的造型方式的共通之处，具体分析服装画和素描都必备的造型表现语言，以确定服装专业素描表现方法的趋向。

（一）线

尽管素描的表现方法与表现形式多种多样，但都离不开线，无论是明暗素描或是结构素描，线造型始终是最概括、最富有表现力的手段，在服装画中，线更是最基本的表现元素，在每幅服装画里，我们都可以观察到线的存在。具体来讲，服装画和素描都必备的线可以分为两种。

1. 标示轮廓的线

通过线描的手法去把握形体的轮廓，是线最基本的表现法；表现物象的外形的线是外轮廓线，表现物象的内部形体变化的线是内轮廓线，内外轮廓结合起来画，能准确细致地表现物象的形态（图1-34）。此外，轮廓线还可以表现丰富的形体结构和立体空间。通过用线表达各种形体的透视、穿插、前后遮挡，来构成物象的立体感和空间关系。在素描和服装画中我们都可以运用这样的线来塑造形体（图1-35、图1-36）。

图1-35　席勒的线造型

　　席勒的人体充分运用了轮廓线的穿插来表现人体立体造型。

图1-36　邹游的线造型

　　邹游的人体也很讲究用轮廓线的穿插表现人体造型。

图1-34　内外轮廓结合的时装画

　　图1-34这张时装画用多变的外形线（外轮廓线）和丰富的内部分割线（内轮廓线）来表现服装的款式。

?　想一想

　　有一些作品，只勾勒出平面轮廓，却能准确地把握形体空间关系，使人感觉其轮廓并不是扁平的，含有立体的意味；但有一些作品的轮廓线却没有任何立体意味，物象的描绘效果犹如薄片，很多同学在服装画学习的初期，经常犯这种毛病，下面左边的时装画就是典型的例子（图1-37、图1-38）。

图1-37　习作作品

　　画中的外形线对形体（布褶）之间的遮挡关系交代不清。

图1-38　Jinvoung Shin服装画

　　虽然只画了简单的外形线，却表现了服装前后遮挡的结构空间关系。

2. 体现光感的线

物象在光线效果影响下，会形成强弱虚实不同的线条，这些线能反映出物象的受光状态，被称为体现光感的线。素描中这些体现光感的线条，能反映出物象的立体感，使绘画效果具有拟真性，它既标示着物象的形态，又标示着物象的明暗。服装画中也经常用线来体现物象的光感效果和立体特征，这和时装画简约的表现形式有关，也和服装画所用绘画工具的特性有关，经过这样的线条表现，服装画有了立体效果，更具装饰特色（图1-39、图1-40）。

图1-39 具有明暗效果的素描用线

素描的线是强调明暗光感效果的，图中暗面的线和暗面影调、投影都用线的形式表现，被刻画得较粗重，用笔较松动，充分体现暗面光感的特点；亮面的线则较细浅和明确，体现亮面的光感效果。

图1-40 具有明暗效果的服装画用线

图中服装画的用线也很讲究明暗光感的表现，暗面效果用线的粗重和笔触的重复表达出来，虽然只是单纯用线来表达，但足以体现人与服装强烈的立体效果。

（二）调子

调子是素描塑造形体的主要方法，这种手法能生动地再现光影和明暗效果；在服装绘画中，调子同样可以深入地表现服装的真实效果，是服装画有力的造型手段。

具体来讲，服装画和素描都涉及的调子表现法可以分为两种。

1. 全因素调子表现法

全因素调子表现法是素描常用的技法，其画面强烈的立体感，主要由这种技巧所致。对于服装画来讲，全因素调子表现法，可以使画面具有时装摄影效果，但是这种技法，需要对物象的影调加以整理和美化。它更加注重对服饰的精细描绘，注重展示服装制作上的复杂工艺以及各种面料材质的特点，而不太重要的或影响服装表达的因素可以适当地省略，比如减淡大部分阴影以使服装纹理结构更加清晰，或省略掉细碎的结构形态，使主要形体更加突出，更或是强化影调强度，使面料结构层次更突出等。

图1-41　Helene Majera时装画

Helene Majera的喷笔时装画，充分使用了全因素调子表现法，其所表现的生动细腻效果，是通过夸张影调强度来增强体积感而得到的（图1-41）。

图1-42　逆光效果绘画作品

在逆光中物象呈现为以大面积暗面阴影为主的剪影效果，大多数时装画都采用了模拟逆光的留白平涂法，即用留白表现狭窄的亮面，而用大面积的暗面进行服装平涂式表现，此方法属于调子归纳的单纯化处理（图1-42、图1-43）。

2. 调子单纯化表现法

调子单纯化表现法是从物象的明暗调子中提炼出某些因素，通过大胆归纳、强化，来表达绘画的特定形式美感。在绘画中，利用明暗调子单纯化而进行的创作是很常见的，同样，很多服装绘画也是以单纯化的形式来表达的；单纯化的表现法不仅可以借助自然光线的受光特征，使人物和服装具有明暗立体效果，还可以通过对影调的提炼组织，而使画面具有强烈的形式美感。

图1-43　逆光留白的服装画

图1-44 强调投影的服装画

图1-44的时装画很好地表现出服装的浑厚沉稳风格，究其原因，是绘画者对人物投影的强化作用使然，这一单纯化表达，足以体现强烈的空间效果。

图1-45 强调反光面的服装画

图1-45的时装画服装质感表现得很好，充分表现出光感，质地感觉很挺括，这些都归功于绘画者对反光面单纯化的提炼和组织。

3. 强调面料质感的调子表现法

在素描中，质感表现是个重要的课题。不同物体的质感在调子刻画上，需要独到的描绘技巧。比如光泽感强的物体，调子细腻，高光和反光强烈；无光泽的粗糙物体，调子粗放，亮暗面比较接近等。在服装绘画中，对面料质感的表现也尤为重要，画者需要对不同面料有较强的调子分析能力和表达能力，如透明、光泽、粗糙等各种质地面料的刻画，都需要过硬的质感表现技巧。

图1-46 金属物体的素描

金属物体的质感取决于亮面和反光面的强调表现，而丝绸和皮革这类极具光泽的面料也需要对调子亮面和反光面进行强化（图1-46、图1-47）。

图1-47 皮革类服装画

图1-48　透明物体素描

　　透明面料的表现方法用的是透叠法，素描写生画透明物体时经常用到（图1-48、图1-49）。

图1-49　透明面料服装画

 开眼界

特殊的质感表现技巧

　　表现服装质地是服装画训练中重要的一课，素描中一些特殊的质感表现技巧，也常被时装画所借鉴。下列时装画是借鉴有色纸素描技巧，通过用白色刻画亮面，来体现服装面料的光泽感（图1-50、图1-51）。

图1-50　有色纸素描

图1-51　有色纸服装画

📷 我的收获 _____

_____

_____

🔍 我的疑惑 _____

_____

_____

👥 自我测评

◇ 1. 素描和时装画的共通的造型语言包括_____和_____。

◇ 2. 在时装画和素描的造型语言中，线包括_____和_____。

◇ 3. 试着在你的时装画资料里寻找用到"调子单纯化表现法"的实例。

素描基础训练——通过几何模型训练造型

任务目标
* 掌握石膏几何体的绘制方法。
* 理解石膏几何体的结构知识。

工具箱

　　素描纸——素描纸的厚度和纹理很重要，一般推荐厚度中等且纹理较粗的素描纸。

　　素描铅笔——素描铅笔分类较多，按铅软硬程度分8B~6H不等，B数越大铅越粗越软，颜色也越重；H与之相反，本项目的素描训练选择2B、4B、6B铅笔。

任务1　立方体的素描造型训练

？小问号

　　正方体是石膏几何模型中最规则的形体，角与角、边与边、面与面对称、平行、相等，一些小的测量和表现错误都会使形体不准确，要想画好这样的形体，我们应当从何入手，在绘制的过程中要注意些什么呢？

　　正方体是石膏几何模型中最规则的形体，要想画好这样的形体，必须经过比例测量和透视分析，准确的比例和透视决定了正方体各个面透视缩形的准确，下面我们将比例测量法和正方体的透视规律进行介绍：

1. 比例测量

　　同学们在最初阶段，可以使用工具帮助测量物体的比例，方法是：伸直手臂，用一支长铅笔垂直测量并记准物象的高度，然后用量准的高度为参照依据，水平方向地去比物象的宽度，所得出的比值，就是高与宽的比例关系。但同学们要知道，随着观察技术的不断提高，还是应该依靠目测来找出形体的比例关系，这样才能练就一双敏锐、准确的眼睛，才能更好地掌握素描观察、表现的技术（图2-1、图2-2）。

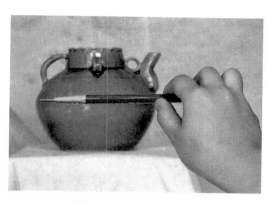 

图2-1　工具辅助测量1　　　　　　　　　图2-2　工具辅助测量2

2. 透视法

各种物象中，最基本的形体是立方体。素描中很多物象的透视，是依据或借助正方体的透视来进行分析的，立方体的透视主要有以下两种情况。

平行透视：当正方体三组平行面中有一组与画面平行时，正方形呈现出的透视是平行透视（图2-3）。

成角透视：当正方体三组平行面中的任何一个面都不与画面平行时，正方形呈现出的透视是成角透视（图2-4）。

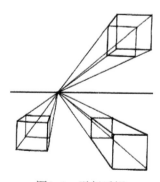 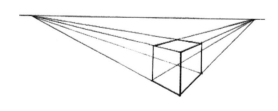

图2-3　平行透视　　　　　　　　　　　　图2-4　成角透视

平行透视中，立方体的边棱线呈两种状态，一种是与画面平行的两组边线，保持原来状态没有发生变化；另外一种是与画面垂直的一组边线，发生透视变化，延长后消失于一点。

成角透视中，立方体的每个面都产生形变，立方体的三组边棱线中，有两组发生透视变化，延长后分别消失于左右的点。

 绘画步骤

步骤1 确定比例

　　首先用点确定整体比例和所见各面的比例关系，这一步只在画面上做些断断续续的位置标记，待确定位置准确后，用长直线根据位置将正方体外形刻画出来，不要勾得太肯定，为深入刻画留有余地（图2-5、图2-6）。

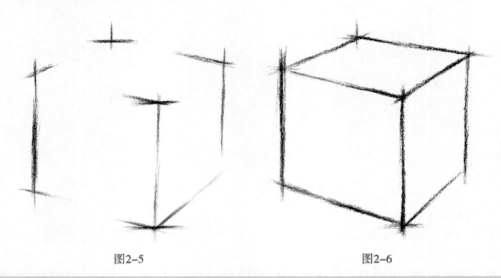

图2-5　　　　　　　　　　　　　　　图2-6

步骤2 考虑透视

　　在外形轮廓线的基础上，利用透视分析来表现立方体的立体结构；立方体的透视分析，是通过对三组平行面进行透视缩形刻画来实现的，绘画者需认真观察各可见面形态，并对三组平行面的透视，借助辅助线来进行分析（图2-7、图2-8）。

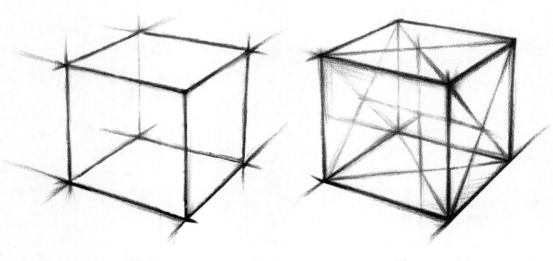

图2-7　　　　　　　　　　　　　　　图2-8

⚠ 常见错误

（图2-9～图2-11）这几张立方体的透视都错了，我们来分析为什么会出这些错误？

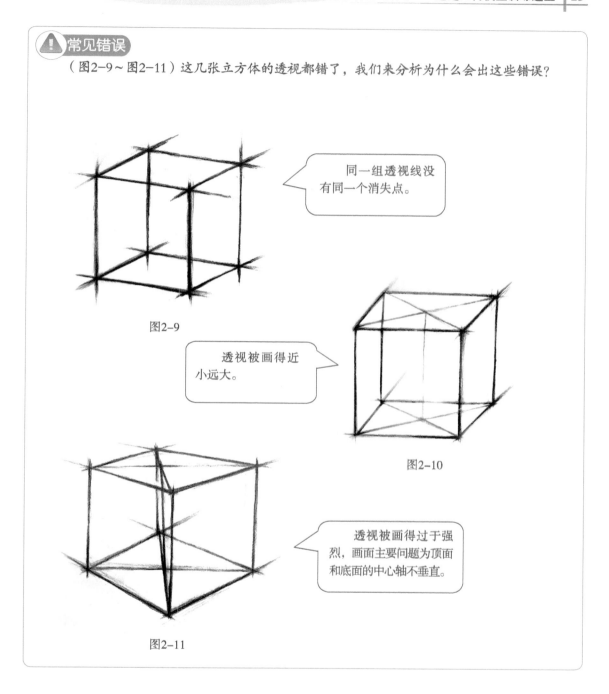

同一组透视线没有同一个消失点。

图2-9

透视被画得近小远大。

图2-10

透视被画得过于强烈，画面主要问题为顶面和底面的中心轴不垂直。

图2-11

步骤3　强化空间

上一步通过结构表现，画面已经能够呈现出体积和空间来，但是画面上诸多轮廓线和辅助线错综复杂，物体的立体感还是难以突显。要想立方体的空间效果跃然纸上，我们需将形体再次整理收拾，利用线条和影调依次加强立方体较实的部位（图2-12）。

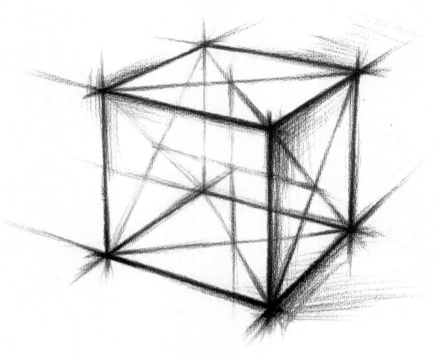

图2-12

 开眼界

　　在石膏几何体中，正方形是许多几何体的基础，很多几何体是由正方形或长方形构成的，当我们对这些几何体进行造型分析的时候，要对这些形体中蕴含的方形、方面进行研究分解，再按照方形或方面的透视规律进行透视分析。下面列举几个写生中常用的蕴含方形、方面的几何体的透视分析实例。

　　斜置的立方体如图2-13、图2-14所示。

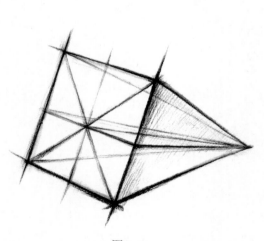

图2-13

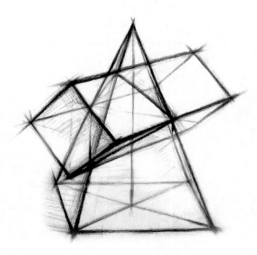

图2-14

蕴含立方体的复杂几何体如图2-15所示，偶数多面体如图2-16所示。

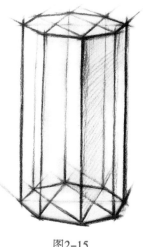

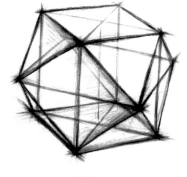

图2-15　　　　　　　　　　　　　图2-16

我的收获
_____
_____
_____

我的疑惑
_____
_____

自我测评　　绘制正方体

其评价标准：◇　构图美观。

◇　造型结构准确。

◇　空间层次丰富。

任务2　圆柱体的素描造型训练

？小问号

很多高年级同学都认为圆柱体的学习是石膏几何体写生中最基础和最关键的部分，因为在今后的静物和人像写生中，接近圆柱体的物象特别多，基本的圆柱体不会画，那些接近圆柱体的物象就更不知从何入手了，所以圆柱体的刻画方法一定要学好喔，那么请告诉我们圆柱体的学习应注意些什么？

要想画好圆柱体，关键在于画好圆柱体的顶面和底面。画好这两个面非常困难，因为它们不是椭圆而是透视缩形圆，圆柱体是左右对称的轴对称物象，对称物的绘制也不好掌握，下面我们将介绍轴对称物体的画法和缩形圆的造型规律。

1. 对称物体的刻画

静物素描中，大多数的物象的外形都是对称的，我们可以借助对称轴线的辅助来画准形体。如画圆柱体，当我们确定一边的形后，可以通过水平辅助线来确定对称轴另一边的对称形，这样画出的物体一定对称了（图2-17）。

2. 透视缩形圆

圆形与方形一样，也会产生透视变化。圆的透视也分为平行透视和成角透视，在视觉中都是遵循近宽远窄，正宽侧窄的透视规律。

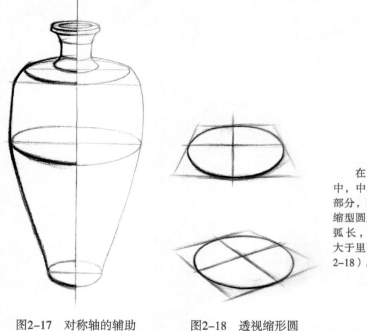

在透视缩形圆中，中心线被分为两部分，近宽而远窄；缩型圆外弧长大于里弧长，外弧弯曲度大于里弧弯曲度（图2-18）。

图2-17　对称轴的辅助　　　图2-18　透视缩形圆

 绘画步骤

步骤1　确定比例

首先确定圆柱体整体长宽比例，再确定可以看到的顶面透视缩形圆的比例关系，接着用长线将圆柱外形勾画出来，如图2-19所示。弧线部分很难画，采用短直线将弧线分解来画，强调画圆先画方，这时圆柱体的外轮廓就初步呈现出来了（图2-20）。

 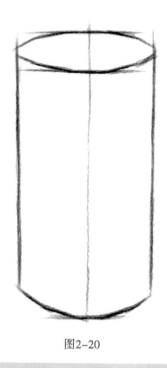

图2-19　　　　　　　　　　　　　　　　图2-20

步骤2　考虑透视

　　表现圆柱体结构空间的方法，是对圆柱顶面和底面透视缩形圆的分析和表达。素描时，顶面和底面透视缩形圆要依据圆外接正方形来辅助完成。先找到圆面的外接正方形的透视，再于这个透视缩形方之中绘制透视缩形圆。这时画面呈现出多种辅助线，如透视缩形方、透视缩形方对角线、圆柱中轴线、透视缩形圆、缩形圆中线（图2-21、图2-22）。

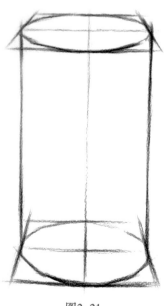 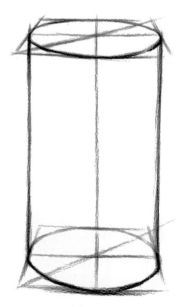

图2-21　　　　　　　　　　　　　　　　图2-22

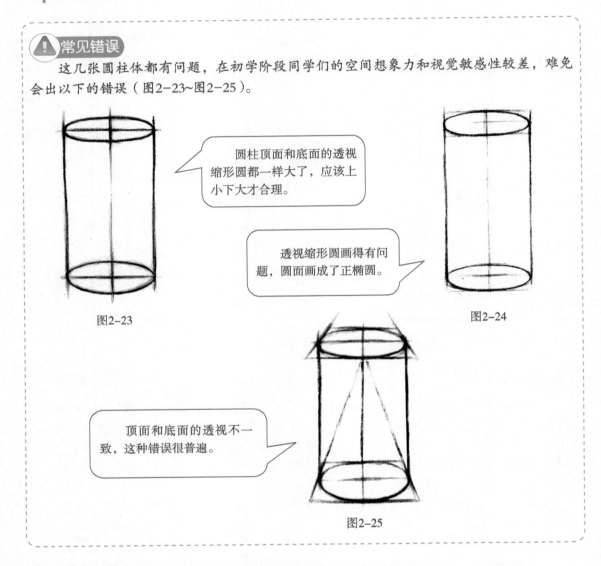

⚠ **常见错误**

　　这几张圆柱体都有问题，在初学阶段同学们的空间想象力和视觉敏感性较差，难免会出以下的错误（图2-23~图2-25）。

圆柱顶面和底面的透视缩形圆都一样大了，应该上小下大才合理。

透视缩形圆画得有问题，圆面画成了正椭圆。

顶面和底面的透视不一致，这种错误很普遍。

图2-23

图2-24

图2-25

步骤3　强化空间

　　由于圆柱体的透视复杂，画面的辅助线较多，为了使物体的空间感更强烈，绘画者需遵循前实后虚的原则将线条进行虚实调整。同时，借助影调，加强圆柱体交界线、暗面和投影（图2-26）。

图2-26

 开眼界

在石膏几何体中，很多几何体是由圆柱形或圆面构成的，当我们对这些几何形进行造型分析的时候，要对这些形体中蕴含的圆柱形、圆面进行形体分解和透视分析。下面列举几种蕴含圆柱形、圆面的几何体。

斜放和斜切的圆柱如图2-27和图2-28所示。

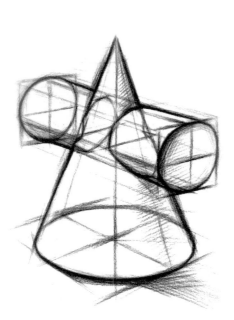

图2-27

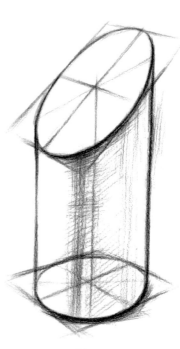

图2-28

奇数边多面体：五边形多面体属于中心对称图形，我们可以通过正五边形的外接圆来辅助刻画这一形体的透视，如图2-29所示。

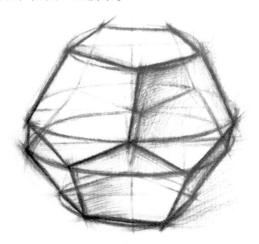

图2-29

我的收获

_____

_____

_____

我的疑惑

_____

_____

_____

自我测评　　**绘制圆柱体**

其评价标准：　◇　构图美观。

　　　　　　　◇　造型结构准确。

　　　　　　　◇　空间层次丰富。

素描静物训练

任务1　规则静物的素描造型训练

任务目标　* 掌握接近球形、接近方形、细长形的规则物体的绘制步骤。
* 掌握规则物体的结构分析方法。

工具箱

* 素描纸——一般推荐厚度中等且纹理较粗的素描纸。
* 素描铅笔——本项目的素描训练选择2B、4B、6B、8B铅笔。

子任务1　罐子的造型步骤指导

?小问号

　　罐子像圆柱，但比圆柱体难画，因为罐子有自己的"相貌"。有的罐子造型很复杂，要画得很准确，对于初学素描的我们，很有难度，该如何去画呀？

　　罐子是静物中比较规则的形体，左右对称、具有中心轴。画好这样的形体，中轴线的把握是关键，这里我们介绍中轴线辅助法。

　　中轴线的辅助：对称的规则物体都有一根轴心线，也就是中轴线。各部分的基本形体都依这一根共同的中轴线对应构成。这种轴心结构，使我们研究结构素描有了落脚点，结构素描的表达是围绕中轴线展开的（图3-1）。

　　有了中轴线，我们可以把它作为物象的空间坐标中心，参照这一坐标中心的位置，我们可以构架其形体体块构成，寻找其各体块的透视切面，从而正确找到物象的比例和廓形；当我们绘制较为复杂的物象时，中轴线的透视辅助尤为必要，依据中轴线所进行的透视分析过程，即是该物象的空间造型过程。

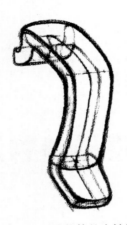

图3-1   对称物体的中轴线

 绘画步骤

步骤1   确定基本形

先在纸面上画出大体的构图，定出各物体大致的位置。在构图基本确定后，要像画石膏几何体时一样，用直线画出罐子的几何形态，表现出罐子各部位的形态特征和大的空间关系（图3-2、图3-3）。

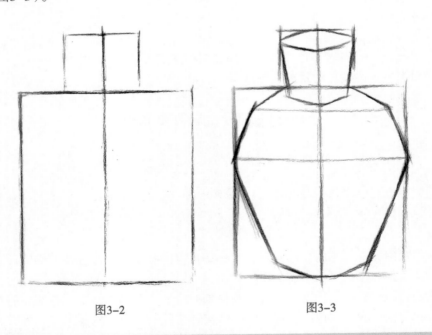

图3-2   图3-3

步骤2   明确透视

在取得了大致的形体之后，要进一步画出物体的各部分造型。其间借助结构分析，将各部分造型和形体组合刻画到位，这一步骤是结构素描中形体塑造的关键。要刻画出各种结构转折处的透视切面（透视缩形圆，图3-4、图3-5）。

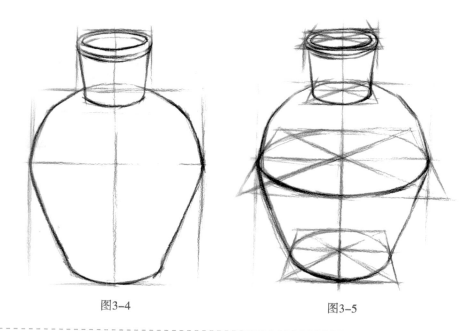

图3-4   图3-5

⚠ **常见错误**

  罐子结构转折处各透视切面的组合具有一定的规律，这些切面的透视应上大下小，透视缩形圆的形状也应上窄下宽，我们观察这几张罐子透视切面的问题，分析其中的问题所在（图3-6~图3-8）。

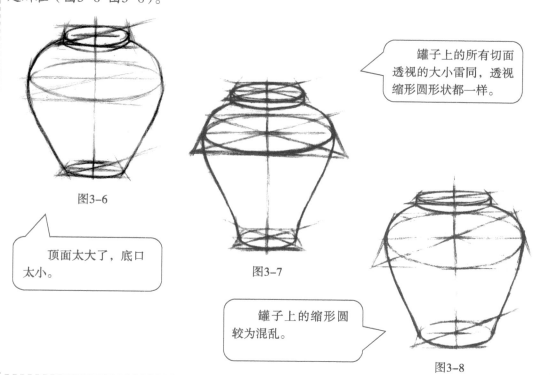

图3-6

顶面太大了，底口太小。

罐子上的所有切面透视的大小雷同，透视缩形圆形状都一样。

图3-7

罐子上的缩形圆较为混乱。

图3-8

步骤3 调整完成

着手强化物体形体的塑造，并随机带出它们的明暗关系。从主体的关键部位开始，逐步深入细致地对物体的体积感、空间感进行充分的刻画与表现。注意画面的整体效果要统一、概括（图3-9）。

图3-9

 开眼界

有很多静物呈现圆球形和圆柱形的造型特点，在服饰中也有很多这样的形体，如左右对称的帽子。只要存在圆形、椭圆形造型，或对称近似圆形的形体，在素描结构分析时，都可用透视缩形圆的分析法来构架形体造型（图3-10~图3-12）。

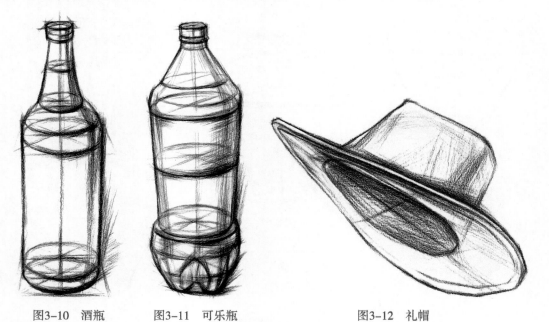

图3-10 酒瓶   图3-11 可乐瓶   图3-12 礼帽

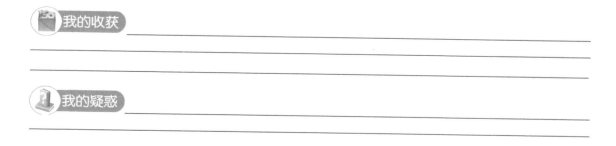

我的收获 _____

我的疑惑 _____

自我测评 **进行罐子写生练习**

其评价标准： ◇ 造型特征明确。
◇ 结构分析准确。
◇ 空间刻画丰富。

子任务2　饭盒的造型步骤指导

小问号

饭盒和方体接近，并具有圆角，方中带圆，绘画难度加大了，但最难表现的是饭盒的薄壁，那么绘制这样的物体，该如何表现呢？

画盆、盒、罐等器皿时，盆口、罐口是物体的点睛之处，应当尽全力把它的造型画准确，尤其要表现出"口部"薄壁的生动形态，这里我们介绍有薄壁物体的具体透视画法。

有薄壁物体的透视画法： 盆口、罐口具有薄壁，绘制这样的薄壁，准确刻画"口部"薄壁里外边线的造型轮廓是很关键的，应当注意这两层轮廓边线远近和正侧的透视关系。另外，用线的虚实和调子的辅助可以强化"口部"的空间关系（图3-13）。

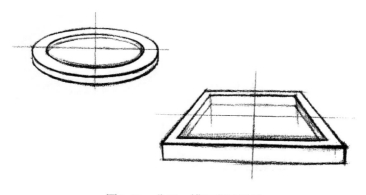

图3-13　盆口、罐口薄壁透视

🎨 **绘画步骤**

步骤1 确定基本形态

用直线画出罐子各部位的基本形态。在这一阶段主要解决画面的构图、物体的比例及形体的特征问题。其中比例是最为关键的。比例的正确与否，决定了饭盒的透视准确与否。在写生中，比例关系最容易出现错误，这是缺少比较所造成的，要特别注意比较饭盒的长和宽、饭盒口和饭盒壁的大比例关系（图3-14、图3-15）。

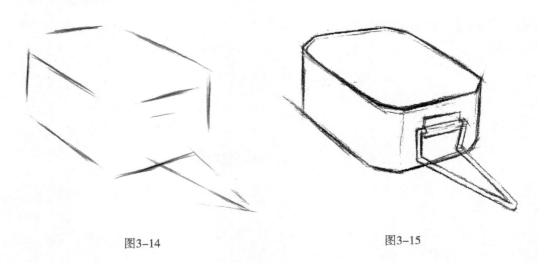

图3-14   图3-15

步骤2 明确形体透视

在大的几何形态的基础上，进一步画出饭盒的外形，其间借助结构分析，将饭盒造型刻画到位。饭盒是静物中最规则的形体，呈现正方体的特点，要想画好这样的形体，必须将饭盒还原成正方体来分析。另外，对于细节的刻画，也要注重形体透视分析，如饭盒口薄壁，注意远近宽度和虚实变化（图3-16、图3-17）。

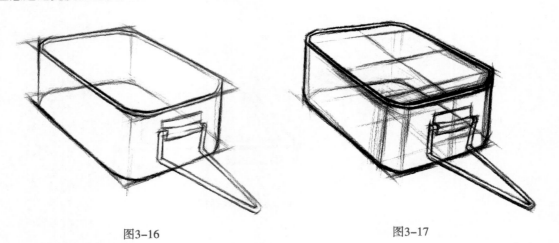

图3-16   图3-17

常见错误

图3-18、图3-19这两张饭盒都画错了，在练习中这两种错误比较常见，问题出在比例和透视方面。

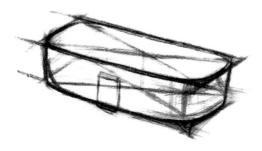

图3-18

方形透视有问题，同向边棱没有透视效果，延长后没有交点。

图3-19

底面太大了，饭盒内口竖立不起来，比例不准确对透视解剖影响很大。

步骤3 调整完成

着手强化饭盒的轮廓线，表现出虚实立体关系，并随机将饭盒口的明暗调子、饭盒壁的立体影调刻画出来。之后从饭盒的较实部位开始，逐步对饭盒的细节进行充分的深入刻画，深入的同时要保持画面的整体效果统一（图3-20）。

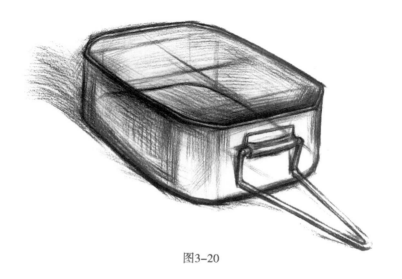

图3-20

 开眼界

　　有很多静物呈现正方形和长方形的造型特点，在服饰中也有很多类似的形体，如较方正的皮包。在刻画这些方形体的时候，都可用正方体的透视分析法来辅助形体造型（图3–21、图3–22）。

图3–21　书本

图3–22　方包

 我的收获 _____

_____

_____

📖 我的疑惑 _____

_____

👥 自我测评　**进行方形饭盒写生练习**

　　其评价标准：◇ 造型特征明确。
　　　　　　　　◇ 结构分析准确。
　　　　　　　　◇ 空间刻画丰富。

子任务3　勺子的造型步骤指导

勺子好难画，形体细长，勺柄弯曲多变，很容易画走形。勺子的立体效果比之前所学的任何形体都难画，因为它和饭盒一样，还有一个不仔细观察就很难发现的薄壁，所有这些都叫同学们不知如何入手了，快帮我们寻找一个正确的造型方法吧！

细长对称物体的造型要点：像勺子这样细长且对称的物体，必须准确地确定勺子走向，严格地进行勺体、勺柄长度和宽度比例的测量，精准细致地表现勺柄、勺体的透视，这些造型方法都与一个关键的元素息息相关，那就是勺子的中轴线。中轴线是对称中轴，它和组成勺子的各形体的走向一致，勺子的结构都是依据此轴来构架的；中轴的朝向又影响了该物体的透视角度，从而使其长度、宽度因透视而产生缩型变化；所以在绘制中，要以中轴线为绘画观察、分析和表现的关键。

另外，细长物体多曲折变化，其中轴线也必然带有方向变化，绘画之中需要我们根据物体的造型特征，认真观察，细心刻画。通过图3-23我们来体会细长规则物体的透视以及相应的中轴线的刻画。

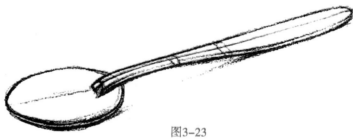

图3-23

绘画步骤

步骤1　确定基本形态

首先确定勺子的最高、最低、最左和最右位置坐标。虽然勺子摆放时，多呈斜线状，但还是应当先测量横向和纵向坐标来确定其位置比例，在大比例和位置确定的基础上找出勺子趋向，绘制出勺柄和勺体大型（图3-24、图3-25）。

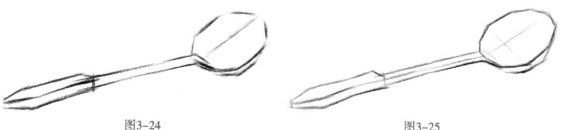

图3-24　　　　　　　　　　　　　　　　图3-25

步骤2　明确形体透视

从结构着手，画出勺子形体外形及组合形体的透视。一定要认真研究勺子各体块转折和衔接组合的关系，注重立体结构的表达，克服被动描摹表象的坏习惯。之后充分运用透视线辅助完成立体造型，注意中轴线的辅助至关重要（图3-26、3-27）。

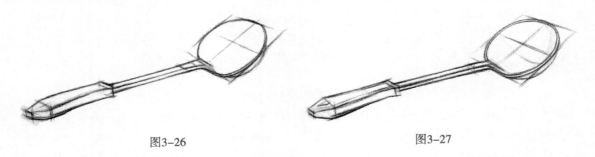

图3-26　　　　　　　　　　　　　　　图3-27

⚠ 常见错误

这两组素描所画的勺子有对有错，请参照下面的提示，对画错的勺子进行问题分析（图3-28、图3-29、图3-30、图3-31）。

勺柄的比例和透视有问题。

勺口圆形的透视有问题。

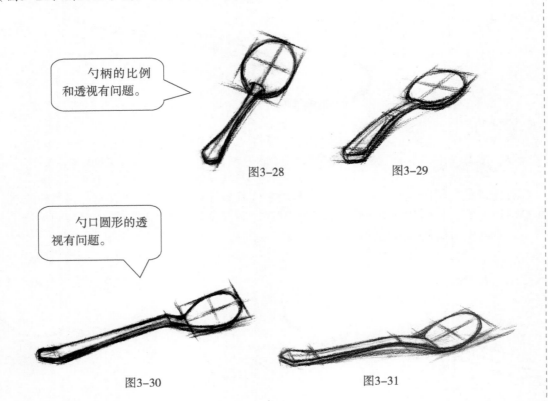

图3-28　　　　　　　　　图3-29

图3-30　　　　　　　　　　　　图3-31

步骤3　调整完成

在上一步基础上，着力用虚实不同的线将勺子进行深入刻画，并辅助影调来加强空间效果。外形轮廓要结实地连贯起来，对交代得含糊不清的关键结构（如勺柄和勺体衔接处），要作明确交代，过于繁琐的局部要大胆概括（图3-32）。

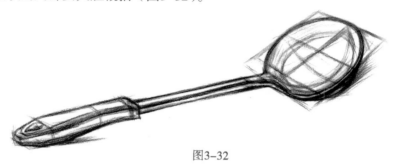

图3-32

开眼界

对称的长条形物体是静物中的一大类，呈现多变的轴对称造型，在服饰中也有很多类似的形体，如皮带。在刻画这些形体的时候，都可借鉴勺子的形体塑造法，造型过程中注意形体走向和体面转折的结构刻画（图3-33、图3-34）。

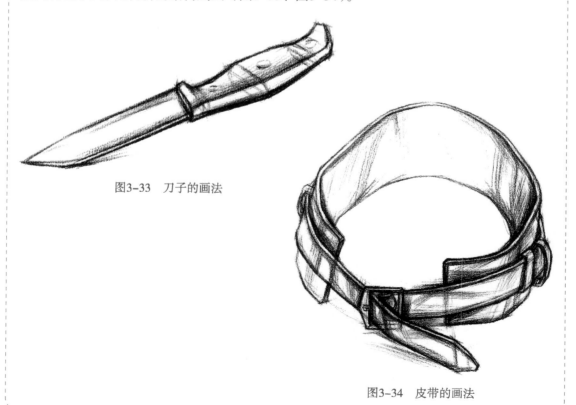

图3-33　刀子的画法

图3-34　皮带的画法

我的收获 _____

_____

_____

我的疑惑 _____

_____

_____

自我测评   **进行有柄勺子的写生练习**

其评价标准：◇ 造型特征明确。
◇ 结构分析准确。
◇ 空间刻画丰富。

任务2   不规则静物的素描造型训练

任务目标 ＊ 掌握不规则物体的绘制步骤。
＊ 掌握不规则物体的结构分析方法。

工具箱

＊ 素描纸——一般推荐用厚度中、粗纹理的素描纸。
＊ 素描铅笔——本项目的素描训练选择2B、4B、6B、8B铅笔。

子任务1   苹果的造型步骤指导

小问号

苹果的形体接近球体，但是又非规则球体，这样的形体要想画得准确很难。苹果上有柄有窝，形体较小，又是关键部位，该如何画呢？

有很多物体的造型接近球体，但是形状不是很规则，表面会有各种凸起或凹陷。面对这样的形体，有时会使你眼花缭乱。画这类形体之前，必须对其形体结构有所了解，这里我们对代表非规则球体的苹果，进行具体的形体分析。

1. 苹果的形体分析

苹果圆中带方，根据苹果具体的特征，可将其归纳成几何体块，用直线概括地表现出来。如图3-35所示，一般各个短直线相交的点，也是体块结构的转折处，利用这些转折点来造型，易于表现苹果的形体特征和立体造型。

2. 窝的结构分析

苹果的窝是一个圆锥形的坑，像一个倒扣的半圆形，在绘画时，要将这个半圆形的纵深透视表现出来（图3-36）。

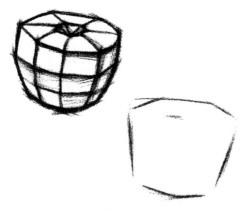
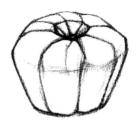

图3-35 苹果的概括形体　　　　　图3-36 苹果窝的结构

 **绘画步骤**

步骤1 确定基本形态

首先要分析该苹果的形体特点，用短线标出苹果造型的主要倾向，再用几何形概括地表现出苹果外形。要充分表现出苹果的体面转折，这一步是苹果画得像与不像的关键步骤。如果画准了，就能把苹果的具体形态特征把握住（图3-37、图3-38）。

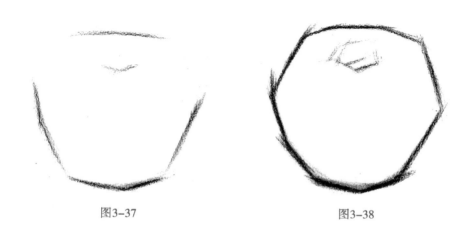

图3-37　　　　　　　　　　　　图3-38

步骤2   明确形体透视

在上一步的基础上，进一步刻画出苹果的顶面和立面，强化苹果独特的体积感。之后，丰富苹果的体面转折，用结构线（主要是各转折切面的透视缩形圆）标示出各体面转承。其间苹果的窝与柄等局部刻画，也要随着整体结构的表现而呈现，这些部位的刻画不要因为面积较小而潦草应付，因为此部位是整张画的提神之处（图3-39、图3-40）。

图3-39   图3-40

⚠ **常见错误**

图3-41~图3-43中所画苹果，透视分析很糟糕，参考图则的提示，分析问题出在哪里。

透视结构线位置不准，导致各转折切面透视缩形圆与形体脱节。

图3-41

各切面透视缩形圆之间没有形成近大远小的关系。

图3-42

结构线位置过于圆滑和概念，使得形体失真。

图3-43

步骤3　调整完成

　　在上一步基础上用影调加强体量感、空间感，对蒂与柄的刻画要与其他部位的结构造型相互呼应，再次调整结构线和轮廓线，做到用线有强弱、虚实等变化，形成一个完整的画面（图3-44）。

图3-44

　　🔭 **开眼界** ▶

　　不规则球体包括各类水果，还包括很多蔬菜，如土豆、菜花或青椒。青椒的形体比苹果复杂，也有蒂有柄，它的表面呈现出连续的球形突起，这些球状突起呈环形围聚在一起，绘画时要注意环形体塑造的整体性（图3-45）。

图3-45　青椒的画法

　　📋 **我的收获** _____

_____

_____

　　❓ **我的疑惑** _____

_____

_____

　　👥 **自我测评**　　**进行苹果写生练习**

　　其评价标准：　◇　造型特征明确。

　　　　　　　　　◇　结构分析准确。

　　　　　　　　　◇　空间刻画丰富。

子任务2　香蕉的造型步骤指导

香蕉的形体细长，呈弯曲的形状，由若干个面组成，这样的形不好画。香蕉有柄，这更增加了绘画的难度，有没有较为科学的方法准确地塑造这一形体呢？

接近长条形的不规则物体，往往使我们无从下手，如果只一味描摹物体外形线，就很容易画走形，对此类形体我们必须从结构入手。

弯曲细长形体的结构：弯曲细长形体都存在扭曲变化。这些扭曲往往会发生不同方向的转折，每一个转折则形成一段相对独立的体块，而且我们可以清晰地感受到各体块间衔接切面的存在。香蕉的各个体块都有不同的转折朝向，绘画时，我们必须先找出其主要体块的朝向，确定各体块的位置和转承，再具体找到香蕉的方棱形结构和各体块的衔接切面，这样来确定其形体的构造（图3-46）。

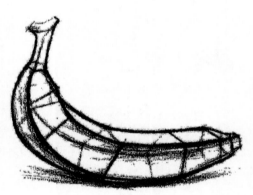

图3-46　香蕉的结构

绘画步骤

步骤1　确定基本形态

用短直线确定香蕉整体比例和形态。由于香蕉各个体块的朝向是不同的，除了要注意它们的比例和位置之外，还要紧紧抓住它们的朝向，强调主要的几个朝向转折，接着将每一体块理解成四方体，简略地刻画各体块的立体效果（图3-47、图3-48）。

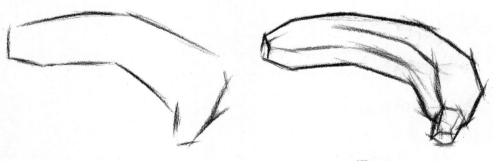

图3-47　　　　　　　　　　　　　　图3-48

步骤2 明确形体透视

  根据香蕉具体动势、朝向，刻画香蕉造型与各朝向体块的透视。表达结构体积，要善于利用体块间衔接切面来辅助造型，香蕉各个体块的造型具有方棱形特征，在刻画时要强调体块间切面的方棱特点，香蕉柄等局部刻画也要注重立体感塑造（图3-49、图3-50）。

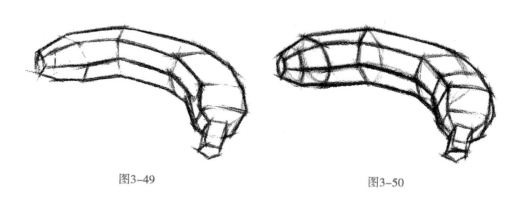

图3-49   图3-50

 ？想一想 下列有关香蕉的四张素描（图3-51~图3-54），你认为哪一个结构分析得最好？为什么？

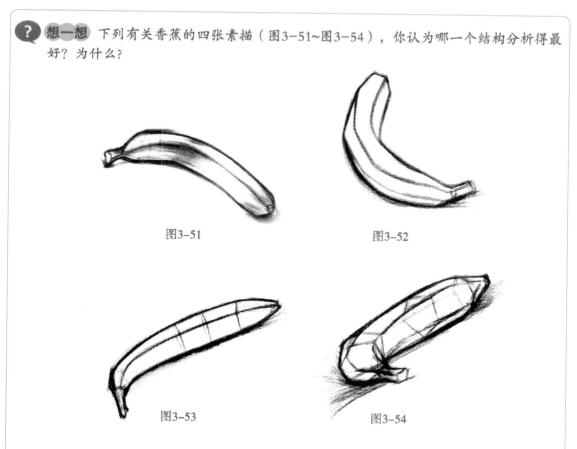

图3-51   图3-52

图3-53   图3-54

步骤3 调整完成

加强结构线和影调，强调形体的体量感和
空间感，强化外轮廓线，着重刻画明暗交界线处
的形体结构。做到用线要有强弱、粗细、虚实等
变化，最后调整体块纵深和转折的空间效果（图
3-55）。

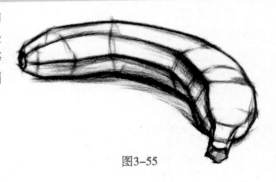

图3-55

开眼界

不规则弯曲细长形体属于较难掌握的造型，难就难在其弯曲体块的曲折变化，如手
指、鞋子、黄瓜、茄子等。这些形体的刻画和香蕉的刻画方法是一样的，首先确定其转折
的形态，再刻画各个转折体的形体透视（图3-56、图3-57）。

图3-56 茄子的画法   图3-57 女鞋的画法

 我的收获 _____

_____

_____

 我的疑惑 _____

_____

自我测评   **进行香蕉写生练习**

其评价标准：◇ 造型特征明确。
　　　　　　◇ 结构分析准确。
　　　　　　◇ 空间刻画丰富。

子任务3 油菜的造型步骤指导

小问号

　　油菜的形体真是复杂呀，结构变化这么多，我们找不到准确造型的方法，要想画这样的形体，关键是什么呢？

　　油菜是典型的不规则物体，外形变化多端，形体的组成交叠复杂，叶片凹凸起伏，要想快速而准确地造型，概括地表现是关键。

　　概括地表现复杂形体：复杂且不规则的组合形体包括叶菜、花草等。画这些结构繁复的静物时，必须要学会先用几何形对其进行概括的表现，如白菜可以概括成圆柱体，花菜可以概括成圆球体，油菜可以概括成圆台体。具体的方法是（以菠萝为例）：忽略错综复杂的形体组织，将其形体简化成几个几何状基本形的组合，用简单的线条区分出各组合形体的侧面、底面和顶面，在此基础上再对细部形体加以刻画（图3-58、图3-59）。

图3-58　菠萝的概括形体造型

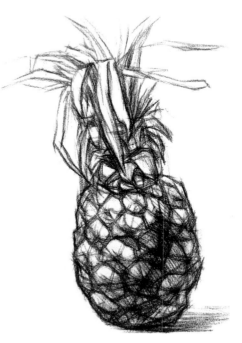

图3-59　菠萝的完成形体造型

 绘画步骤

步骤1　确定基本形态

　　概括油菜的形状，找到其主要的特征，确定出油菜大致的位置和形态；接下来把复杂的形体归纳成简单的几何块，简略地表现油菜的体积构造。绘制时要善于整体观察和表现，保持整体比例准确无误（图3-60、图3-61）。

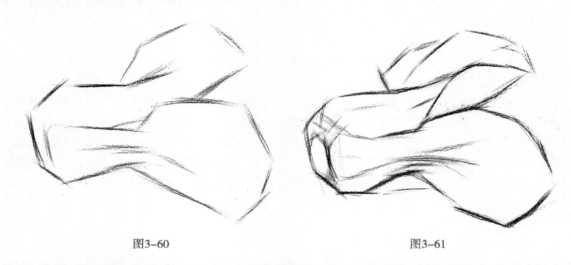

图3-60　　　　　　　　　　　　　　　　图3-61

步骤2　明确形体透视

　　在上一步基础上，画出油菜各叶片形状，注意叶片穿插、翻转的立体造型刻画；在此基础上简单地添加一些表面的纹理，如叶脉，适当强调明暗色调，以表现叶片上的凹面、凸面变化，有了这些凹凸，就能找到扁平形态叶片的体积感。这时，复杂的形体就会跃然纸上了。这一步特别要注意形体准确，需要有较强的整体造型能力，一些细节必须统一在整体的结构当中（图3-62、图3-63）。

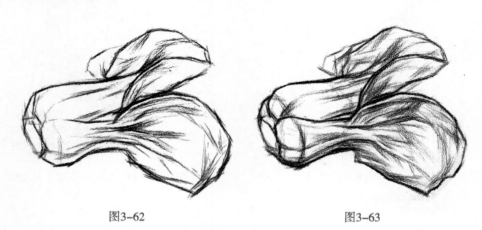

图3-62　　　　　　　　　　　　　　　　图3-63

步骤3　调整完成

　　对画面深入调整，着重刻画丰富的叶片、叶脉变化，丰富的细节能决定复杂形体的逼真程度和体量感，在不脱离客观对象的前提下，可以对画面作一些主观的调整，有意识地对空间靠前部位进行一些强调，削弱一些琐碎的局部细节，使画面更加和谐统一（图3-64）。

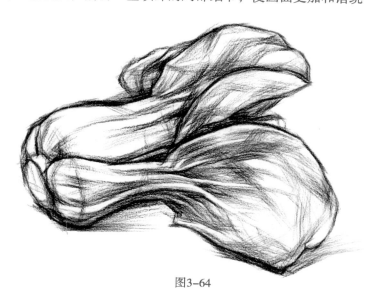

图3-64

开眼界

　　复杂形体之所以不容易表现，主要原因在于其形体错综复杂。初学者造型能力较差，绘制如此复杂的形体，对其耐心和信心都提出严峻的考验。绘画之中，只要做好、做对写生的每一个程序，就可以使复杂形体跃然纸上。布褶也是较难表现的复杂形体，很多同学感到无从下手，其实绘画的要点在于：①耐心确定褶的群组形态。②立体表现褶的形体结构。③准确表达层层褶峰的穿插。只要你认真做到这三点，褶的立体空间效果必然能够表达出来，如图3-65所示。

图3-65　布褶的画法

 我的收获 _____

_____

_____

 我的疑惑 _____

_____

_____

 自我测评　**进行油菜写生练习**

　　其评价标准：◇　造型特征明确。

　　　　　　　　◇　结构分析准确。

　　　　　　　　◇　空间刻画丰富。

任务3　组合静物的素描造型训练

任务目标　* 掌握组合静物的造型步骤。

 工具箱

　* 素描纸——一般推荐用厚度中、粗纹理的素描纸。

　* 素描铅笔——本项目的素描训练选择2B、4B、6B、8B铅笔。

 ?小问号

　　学习完单个静物，感觉什么都会画，将它们组合在一起去画，却出现了问题。组合静物比例的测量、空间的表达都要难于单个物体的刻画，要画好组合的静物，该怎样绘制呢？

　　许多初学者面对多个组合静物，最容易出现布局失衡、观察方法局部、表现形体混乱等的新问题，下面对这些新问题进行分析，提供正确的解决方案。

1. 整体观察的方法

　　素描的观察和表现的方法，很多要求与我们平时习惯不一样。比如，生活中我们已经习惯亦步亦趋地浏览物体，而在素描学习中，则要求我们观察物体的全部，只有整体地观察，才能整体地表现。要做到整体地观察，观察写生对象时就要将所画的整组静物尽收眼底，可以用"同时看"和"对比看"的方法，加快对多个目标的观看频率，将多个物体频繁对照比较着看，这样才能在训练中整体地进行观察。

2. 组合静物的构图常识

初学者面对组合静物，第一个问题就是将所画的一组形体画多大，放在画面的什么位置。要想有一个较好的布局安排，就必须对构图进行推敲，使画面上物体主次得当、整组结构均衡而又有变化。在学生作业中经常出现散、空、乱、偏等弊病，是我们应当避免的（图3-66~图3-69）。

图3-66 散

图3-67 空

图3-68 乱

图3-69 偏

绘画步骤

步骤1 确定基本形态

用较浅的线条构图，找出整组静物上下、左右的端点位置以及各物体的位置；要反复比较各物体在整体构图中的比例关系，防止出现构图不完整的现象，之后用大的几何形体概括各物体的造型，做到形体特征明确（图3-70、图3-71）。

图3-70

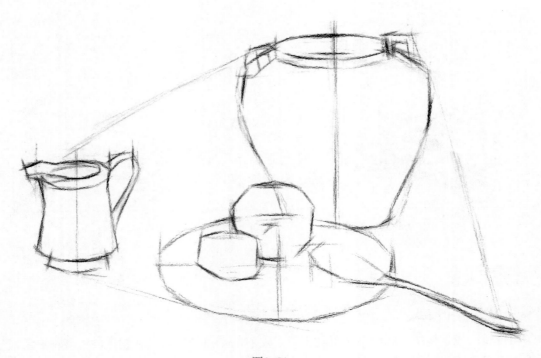

图3-71

步骤2　明确形体透视

　　对各个形体辅以透视分析，从整体到局部，从大到小逐步深入地塑造对象的体积感空间感。进一步对空间居前的物体进行关键刻画，主要的局部细节还要刻画精细，画局部时注意整体感的把握（图3-72、图3-73）。

图3-72

图3-73

步骤3 调整完成

进一步用影调强化空间效果，对较实部位进行更加深入细致的刻画。之后对画面整个大关系，进行整理收拾，这一过程，以求造型更准确，形体更厚实，画面的整体效果更统一（图3-74）。

图3-74

📋 **我的收获** _____

_____

_____

❓ **我的疑惑** _____

_____

_____

👥 **自我测评**　进行组合静物写生练习

　　其评价标准：◇ 构图均衡得当。

　　　　　　　　◇ 结构分析准确。

　　　　　　　　◇ 空间关系整体感强。

服装绘画基础训练

任务1　认识服装绘画的分类

任务目标　＊掌握服装绘画的分类标准。

工具箱

＊有关服装绘画的资料。

？小问号

　　服装绘画种类真多，有的以表现服装为主，有的以展示人体着装后的服装效果氛围为主；有的效果平实，有的效果夸张。服装绘画为什么会呈现出这么多种类型呢？

　　＊如果你是样板师，面对图4-1所示的服装绘画，你能说出设计图的具体服装款式吗？根据这样的设计图，你是否能准确地制出样板来？

　　不是所有的服装绘画都适宜指导服装生产。服装绘画根据创作目的和用途的不同，可以分为四个类型，服装款式图、工业效果图、时装效果图和时装画。服装款式图、工业效果图用于服装制作和生产，时装效果图和时装画具有一定艺术性，用于营造服装的艺术性，观赏作用大于辅助说明作用。下面将这四类服装绘画进行具体介绍。

图4-1　风格夸张的时装画

（一）服装款式图

服装款式图是只表现服装款式的服装绘画，一般只用线条勾画服装款式，无须描绘服装人体和着色，十分简便和迅速，是服装设计和生产最基本、最快捷的设计表现形式。在生产制作过程中，服装款式图起到一种以图代文的设计说明作用，借助平面款式图可以指导生产，确保服装产品的工艺质量（图4-2）。

图4-2　服装款式图

（二）工业效果图

工业效果图是作为产品生产、交易而广泛运用的一种服装绘画，应用于大规模的服装生产，目的是让服装制作者清楚地读懂设计意图，理解服装的结构和工艺，便于制作。工业效果图一般用线条清晰地表现人体着装效果，并施以淡彩，对服装的特征部位、结构部位、面辅料、工艺技巧等，需要有特别的图示说明、文字解释或样料辅助说明。工业效果图的最大特点是工艺性、工整性与细节性（图4-3）。

工业效果图，极为重视服装的结构，需要将颡缝、结构缝、明线等交代清楚，有时可将制衣工艺中所涉及的关键部位结构，在旁边进行放大说明。

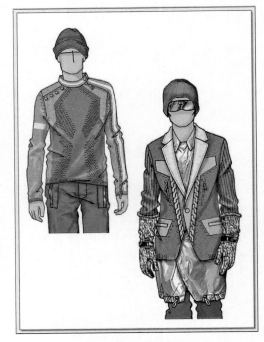

图4-3　工业效果图

在服装生产企业，服装款式图、工业效果图有其特殊的实用价值。在生产部门，工业效果图与平面款式图以及裁剪图是一个完整的设计方案，通过设计生产部门主管的确认，发给生产车间。生产一线的加工制作是以平面款式图、工业效果图、工艺制板和工艺流程书为准则指导生产的。

（三）时装效果图

时装效果图是设计师艺术展示人体着装效果的设计图纸，它对画面的构图与形式强调艺术性，具有一定的视觉感染力。为了配合画面的艺术美感，服装款式和比例可大胆变形，可适当忽略工艺细节（图4-4）。

时装效果图款式表达较为清晰，色彩明确，面料质感和图案均有交代，有多种绘画风格，人物形象和服装意韵大胆夸张。

图4-4 时装效果图

（四）时装广告画与插图（时装画）

时装广告画与插图是指那些在报纸、杂志、橱窗、看板、招贴等处，为某时装产品、流行预测或时装活动而专门绘制的服装绘画。时装广告画与插图注重其艺术性，强调艺术形式对主题的渲染作用，其艺术风格多种多样。有的时装广告画与插图，实质上是一张纯粹的绘画作品，是绘画艺术与时装艺术的高度统一；有的时装广告画与插图则相当精炼、简洁；而有的时装广告画与插图看上去就如同一幅完美的艺术摄影照片（图4-5）。

时装插画和广告常用装饰法、场景辅助法等的手法表现，用以营造某种意境，增加视觉冲击力。

图4-5 时装画

 **开眼界**

服装绘画的不同风格

服装绘画有装饰风格和写实风格之分。

装饰风格——抓住服装设计构思的主题，将设计图按一定的美感形式进行适当的变形、夸张。装饰风格的服装绘画不仅可以对服装的主题进行强调、渲染，还能将设计作品进行必要的美化。其风格手法是多样的，可采用多种手段。通常，设计师所表现的时装效果图，多少带有一定的装饰性（图4-6）。

写实风格——按照服装设计完成后的效果，进行整理描绘，具有写实风格。虽然此类时装画较为写实，但是也不能一味地描摹原型，对原型要进行必要的概括与美化。以写实技巧绘制服装绘画，需要有一定的写实功力，对人体和服装的结构需更加了解（图4-7）。

图4-6　装饰风格

图4-7　写实风格

 我的收获 _____

_____

_____

 我的疑惑 _____

_____

自我测评

◇　1. 服装绘画根据用途可以分为 _____、_____、_____、_____。

◇　2. 简述服装款式图和工业效果图的区别。

任务2 初试服装专业设计图

任务目标
  * 掌握上装款式的绘制方法。
  * 掌握下装款式的绘制方法。
  * 掌握连身衣款式的绘制方法。

工具箱

直尺——用以绘制直线，标记刻度。
笔——2B、HB铅笔，用以描绘线条。
纸——质地稍细、纹理均匀的白纸，可采用打印纸。

子任务1 时装上装款式绘制

？ 小问号

时装上装品种多样，款式变化非常丰富，在绘制时该从何入手呢？

款式图由于用途不同，风格也多种多样，同时出于不同用途的需要，绘制要求也有所不同。绘制款式图时，应根据用途需要合理安排构图和表达形式，根据设计准确表达服装的款式、结构和材质。这些都是款式图绘制的基本要素。

1. 构图

款式图根据不同的用途可以分为工艺单款式图、设计图和展示推广图。各种款式图的构图设计都要求完整清晰。工艺单款式图专用于企业内部，指导后续的生产，要求严谨、规范，应包含①服装正背面结构图；②工艺细节说明；③尺寸标注；④规格型号；⑤材质应用等。设计图是根据客户意向或企业内部研究后的定稿图，将直接指导样衣的制作。其构图应精心布局，以最佳状态获得客户及主管的认可，具体包括①服装正背面款式图；②设计说明；③色彩搭配系列方案；④服装装饰细部说明（图案、装饰及部件细节）；⑤面料小样。展示推广图多用于对外的宣传，面向业内，多以图册形式，针对经销商、代理商方便选货。其构图应包括①款式正背面效果图；②服装款式系列色彩及面料搭配；③服装货号标注。面向大众媒体的展示推广图应突出品牌风格，追求新颖奇特，其构图风格不拘，常被形容为"故事板"（图4-8）。

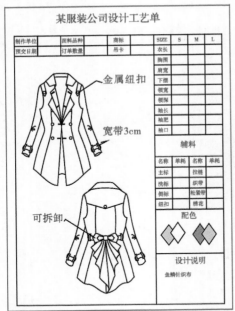

图4-8　构图

2. 款式图的表达形式

静态展示式：是服装静止穿在人体模台上，以表现服装基本款式结构为主。

动态模拟式：是服装穿在运动的人体上呈现的状态，绘制时需先画出人体姿势，再套穿服装，最后再隐去人体的表现方式。这种模拟动态的方法更适合表达服装的搭配及风格特征，其方法与效果图的表现基本相同，在此不赘述（图4-9）。

图4-9　表达形式

3. 款式

款式即服装设计的具体式样，服装设计的整体廓形及局部设计内容都是款式表达的重点（如西服领的细微变化，图4-10）。

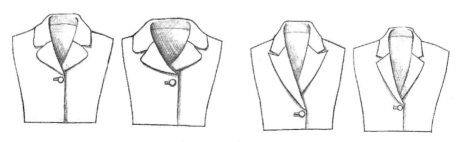

图4-10　款式表达

4. 结构

服装的结构是指服装各组成部分的形式组合，它包括各种衣缝线、装饰线、颟道线，服装的多层次叠加处理以及依赖里衬的成型处理等。其形式有时较隐蔽，绘制时要分清层次，选择合适的方法明确表达（如翻开兜盖，敞开门襟等，图4-11）。

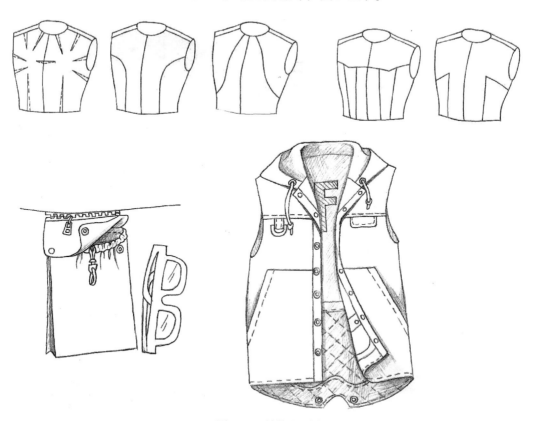

图4-11　结构和层次

5. 材质

　　服装的材质是表现服装款式的重要因素，比如条格、针织、蕾丝、毛皮及羽绒衍缝等。服装材质的清晰表达可以使款式图更趋生动逼真（图4-12）。

图4-12　材质

a）条格　b）针织　c）蕾丝　d）毛皮　e）羽绒衍缝

衬衫款式图绘画步骤

步骤1 基本比例的绘制

与上装款式关系密切的比例点有领宽点、肩宽点、胸围点、腰节点、臀围点、衣长点、袖长点。其比例如图4-13所示，运用人台基型绘制时，要注意男女服装外形的差异及服装款式品种的不同，灵活设计服装的离体空间。

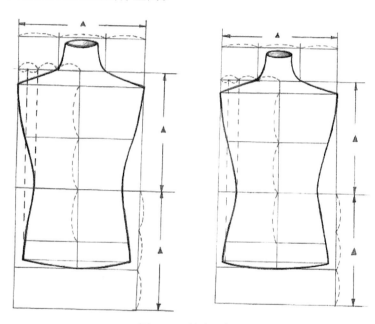

图4-13 基本比例

若从绘画的角度考虑，上装从穿着方式和外形结构上可分为平装袖的衬衣类和较适身的圆装袖西服外套类以及宽松休闲的夹克衫类。

步骤2 服装外形的绘制

绘制外形从领子画起，先画领口弧线，注意门襟搭门的交叠，双排扣还要多交叠些。绘制领子款式，要注意左右对称。领座高度、领面形状及领口线的造型都是领形的构成要素。

画衣身注意袖窿深的位置在胸围线略下，因为男式衬衫袖形较宽松。男式服装的略收身款式在绘制时腰节部位也要放松些。

袖形呈直筒状，注意袖长比例，上下手臂等长（图4-14）。

图4-14 衬衣外形绘制

步骤3　结构线、细部绘制

　　男式衬衫基本款细部造型包括过肩、胸袋和袖卡夫。绘制时注意胸袋大小比例，定出扣位。如有分割线或颏道设计的，注意表现（图4-15）。

图4-15　衬衣细节绘制

步骤4　简单明暗托层次

　　在领里、门襟部位画出简单暗调子，有助于托衬出服装的空间层次。此外，在细致衣褶，如腰节、肘部等人体转折部位，以及收紧的袖卡夫产生的碎褶，这些地方略微加点明暗调子也可增加一定的立体感和层次感。而明线的表现，如细致地刻画出扣子及扣眼的形态，也会给款式图增色（图4-16）。

图4-16　衬衣投影明暗

西服款式图绘画步骤

步骤1　服装外形的绘制

　　西服外形肩部根据款式（如平肩、耸肩等）具体画出，再绘制衣身外形。因为女西服为适体式，此款因为腰节处有分割线，所以腰部外形与人台腰部廓线重合；对于腰节处没有分割的款式，腰部应适当放松，画顺。此款下摆略外翘。领子注意领深及领宽。西服袖宜画得简洁利落（图4-17）。

图4-17　西服外形绘制

步骤2　结构线、细部绘制

　　绘制衣身公主线分割要注意曲线造型顺应人体结构。口袋的位置和大小要对称。口袋方向与下摆造型合理。袖子可画出小袖片，表示两片袖结构。扣子的位置正好在所画服装前中心线上，并且数量合理，疏密均匀（图4-18）。

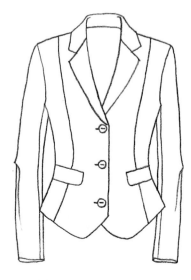

图4-18　西服细节绘制

步骤3　简单明暗托层次

　　西服造型板挺，不宜过多描绘衣褶，在领里、领底、门襟、口袋等部位画出暗调子表示投影效果即可（图4-19）。

图4-19　西服投影明暗

夹克款式图绘画步骤

步骤1　服装外形的绘制

　　夹克款式较宽松，细节变化较多，多见运动服类，在外形上注意袖窿、腰节部位在人台基础上放宽松。袖口和下摆罗口有松紧力，可略收紧。袖形可画宽些，袖长略长些（图4-20）。

图4-20　夹克外形绘制

步骤2　结构线、细部绘制款式

　　夹克，尤其休闲式的，装饰和部件一般较多，刻画应细致些，否则容易造成凌乱的感觉。隐藏的拉链应画出拉链头，起到标示的作用（图4-21）。

图4-21　夹克细节绘制

步骤3　简单明暗托层次

　　分割线、装饰线较多，款式较复杂时，明暗投影关系应当少画些，以免影响款式的表达。用粗实线表现外形轮廓、门襟、口袋、扣袢等款式部件，用细实线表现分割线，用虚线表现缉明线。袖口和下摆是罗纹织物，要表现出质地（图4-22）。

图4-22　夹克投影明暗

？ 想一想 下列款式图（图4-23~图4-25）都有错误，你能找出错误之处吗？

口袋太小与衣身的比例不协调。

画短款上装时，袖子的长度要把握好。

图4-24　长短比例

图4-23　大小比例

西服领的表现要左右对称。

图4-25　对称

 我的收获

_____

_____

_____

我的疑惑

_____

_____

_____

自我测评　**搜集绘制5款服装**

其评价标准：◇ 构图——适中。

◇ 款式表达——准确。

◇ 绘制表达——生动。

<h1 style="text-align:center">子任务2 时装下装款式绘制</h1>

?小问号

潇洒的裤装，飘逸的裙装，我们在画好外形和裙裾的同时，时装下装的款式结构变化大多体现在哪里呢？

下装从结构上分，可分为裙装和裤装，裙装大多柔软飘逸，裤装大多硬挺有型，在绘制时要注意运用线条表达面料质感。同时，对服装上的图案和装饰的描绘，也是款式图绘制的基本要素。

1. 线条

款式图的线条整体要求简洁工整，粗线条表现轮廓线，细线条表现内部结构线；粗硬的线条表现厚实的面料，细软的线条表现轻薄的面料（图4-26）。

2. 图案与装饰

有的服装，其图案和装饰是服装设计的重要内容，也需要清楚表达（图4-27）。

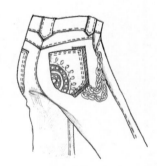

图4-26 线条　　　　　　　　图4-27 图案与装饰

裙装款式图绘画步骤

步骤1 服装外形的绘制

与下装的服装款式和造型相关的部位包括腰节位置的高低、臀围的松紧、立裆的位置、衣长的长短等。表现裙装要注意腰部的造型：包括腰位的高低、腰头的宽窄等，图4-28中的裙装为正常腰位高腰的设计。一般裙身有A、O、H、V等造型，要表现这些造型主要取决于对臀围和下摆的离体空间的把握，图4-28中是臀围放松的直筒裙。如为适体一步裙，臀围和下摆不要放松量即可。

步骤2　结构线、细部绘制款式

裙衣褶要画活，忌死板，要在方向和长短上有变化。裙下摆用弧线表现会更有空间感。宽腰款式用粗实线表现轮廓、门襟、扣子，用细实线表现裙褶（图4-29）。

图4-28　裙装外形绘制　　　　图4-29　裙装细节绘制　　　　图4-30　裙装投影明暗

步骤3　简单明暗托层次

裙的明暗调子多用来表现衣褶变化和下摆的空间感。门襟处的影调可以衬托出裙片的层次。双排扣以中心线左右对称（图4-30）。

 裤装款式图绘画步骤

步骤1　服装外形的绘制

参照下装人台绘制裤装的外形。绘制时应注意臀围、脚口和立裆位置。裤装外形变化也很多，主要是臀围处和脚口处的离体空间形成的，平时应多留意观察。表现宽裤脚口时，可适当加大两腿间距，以留出空间绘制。

立裆深的位置高低也是裤装款式变化的重要因素，如低裆裤。图4-31中的裤装为正常款。

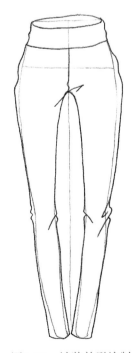

图4-31　裤装外形绘制

步骤2　绘制细部

　　因为大多裤装造型较笔挺，面料较厚实，所以裤装不需要太多的明暗刻画，腰头、口袋、脚口、裤中线是集中表现投影的地方。大多裤装有腰裥、口袋等部件，注意明确表现它们的结构层次，穿插关系。对于款式风格较休闲随意的裤装，衣褶可再多表现些（图4-32）。

图4-32　裤装细节绘制

? 想一想　下列款式图都有错误（图4-33、图4-34），你能找出错误之处吗？

图4-33　款式比例

画裤装注意脚口平直，左右对称，口袋、门襟和扣的比例协调。

裙装下摆呈圆台状，裙褶方向自然下垂，线条不僵硬。

图4-34　线条

我的收获

_____

_____

我的疑惑

_____

_____

_____

自我测评 **搜集绘制5款服装**

其评价标准：◇ 构图——适中。
◇ 款式表达——准确。
◇ 绘制表达——生动。

子任务3 连身衣款式绘制

小问号

服装单品类型很多，款式细节也千变万化，很难以一概全，还要综合所学，灵活运用，才能用生动准确的服装款式图来表达。那么，综合了上装和下装特点的连身衣又该如何绘制呢？

与连身衣的服装款式关系密切的比例点综合了上、下装的关键点。连身衣包括连衣裙、背带装、大衣类服装，绘制时要注意整体衣长的比例和腰节的位置。同时，对服装工艺的描绘和注解也是款式图绘制的重要要素。

1. 比例

服装设计到产品的物化，都是以人体为基础的，因此，服装款式图的绘制也必须以人体为依据，准确地表达服装与人体的契合关系。其比例关系具体表现在服装的长度感、分量感等方面（图4-35）。

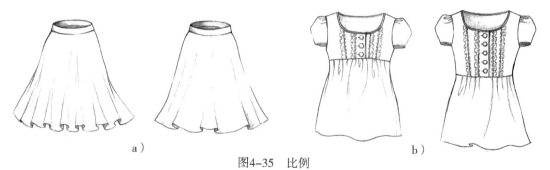

a）　　　　　　　　　　　　b）

图4-35 比例

2. 工艺

　　服装款式图在服装生产流通过程中的多个环节起到沟通和指导的作用，所以在必要的时候，还要标注主要的尺寸和加放数据。服装的工艺包括缝线、拉链、褶饰、扣袢、穿绳与系结等（图4-36）。

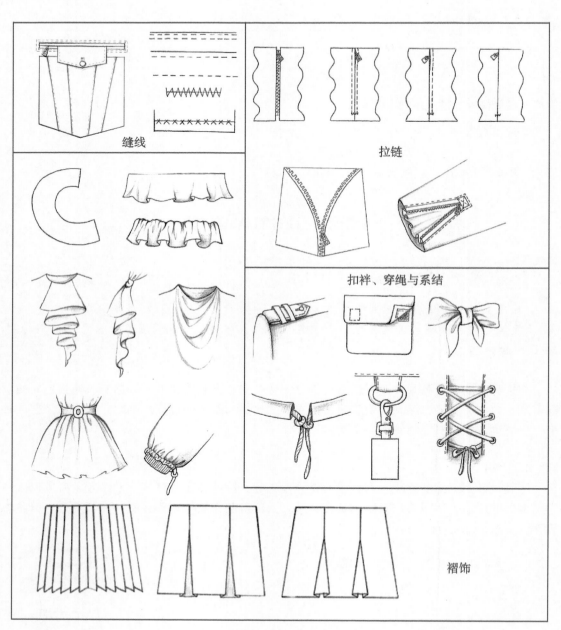

图4-36　工艺

绘画步骤

步骤1   基本比例绘制

   绘制时整个身长按照八头身来画，女人体身高略低些，上半身和下半身各占四个头身，腰节在第三头身处，肩线在第二头身一半处，上手臂和下手臂等长，大腿和小腿等长（图4-37）。

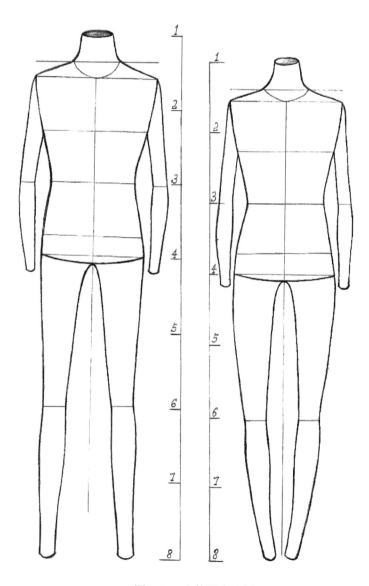

图4-37   人体基本比例

步骤2　外形绘制

　　应从上至下，由主及次地绘制服装基本款式。无袖的款式，要注意袖窿的处理。图4-38中的连身衣为夏装，注意裤长的位置，裤口贴体。掉裆的设计，注意立裆的位置要下移。腰节要设计出离体的空间，然后由腰间松紧带收紧。臀围处的衣褶较多，绘制出此处的离体空间，表现出宽松量。吊带要贴紧脖颈，才符合着装状态。

步骤3　绘制细部

　　此款连身衣，腰节松紧带抽褶的描绘是细节刻画的重点。松紧带的碎褶注意不要画得过多或过少，线条不在多，要有抽紧的感觉。宽松的立裆造型，要用褶线准确表达出来。尤其是裆底的宽松量决定了衣褶的多少和形态，要准确细致地描绘（图4-39）。

步骤4　绘制简单明暗

　　衣褶较多，明暗关系就相应少画些。门襟、腰带、口袋、袖窿、领子处主要部位用影调衬托出层次。吊带翻转处稍加明暗表现。宽松的大口袋要描绘出与衣身的穿插关系。最后整理线条，轮廓线和结构线用粗实线，衣褶用细实线，缉明线用虚线（图4-40）。

图4-38　连身衣外形绘制　　图4-39　连身衣细节绘制　　图4-40　连身衣投影明暗

我的收获

_____

_____

_____

我的疑惑

_____

_____

_____

自我测评　**搜集绘制5款服装**

其评价标准：◇　构图——适中。
　　　　　　◇　款式表达——准确。
　　　　　　◇　绘制表达——生动。

任务3　掌握更贴近岗位需要的服装绘画

任务目标
＊ 掌握单层衣片、双层衣片和多层衣片平面工艺图的绘制方法。
＊ 了解服装工艺图的绘制要领。

工具箱

白纸——质地稍细，纹理均匀；可采用打印纸。

子任务1　单层衣片平面工艺图绘制

?小问号

　　在服装的制作工艺中，单层衣片的工艺在成衣的缝制工程中是"先行军"，所以我们先来学习单层衣片平面工艺图的绘制。如粘衬、画印、折烫贴边、折烫做缝等。如何进行单层衣片平面工艺图的绘制，我们应当从何入手，在绘制的过程中要注意些什么呢？

　　单层衣片平面工艺图的绘制技术要领：在服装的制作工艺中，单层衣片的工艺在成衣的缝制过程中是较为简单易学的一部分，它的工艺图的绘制也较为简单。同学们只需掌握两个技术要领即可：一是工艺图上各部位的参考数据要与缝制工艺要求相符；二是绘制同一个工艺图的过程中所采用的比例要统一，只有这样才能体现工艺图的准确与严谨性。下面我们通过圆角贴袋工艺图的绘制来分步讲解。

绘画步骤

步骤1 制作贴袋的样板

运用贴袋的制图方法，选择三棱比例尺上任意比例，进行贴袋净样板的制作。制作完毕裁剪下来。需注意在绘制的过程中要选用统一的比例，才能保证样板的准确性（图4-41）。

图4-41 贴袋样板

步骤2 画印工艺图的绘制

先根据样板绘制贴袋的轮廓线。因为样板为净样板，所以再在贴袋轮廓线的基础上向外画一圈线为放缝线。注意按样板画线时，样板需放正，一般贴袋靠近前中心的边为直纱，靠近侧缝的边为斜纱，袋口线为前中心一侧低，侧缝一侧高，呈一条斜线。画放缝线时，选择的比例与制作样板的比例相同，标注出放缝尺寸数字，如袋口放缝1.5cm，其余三边放缝1cm（图4-42）。

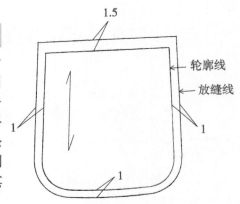

图4-42 绘制贴袋轮廓线与放缝线

步骤3 手缝针线工艺图的绘制

根据贴袋的制作工艺，在做缝上绘制手缝针线迹，用数字标出手缝针针距和距轮廓线距离，如手缝针针距一般为0.3～0.5cm，手缝针线迹距轮廓线为0.5cm（图4-43）。

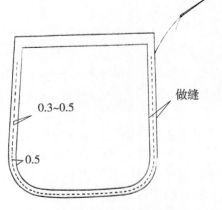

图4-43 绘制手缝针线迹

步骤4　折烫做缝工艺图的绘制

　　根据贴袋的制作工艺，下一步为折烫做缝。先按照贴袋净样板绘制轮廓线，再在贴袋轮廓线里圈画出做缝量，最后绘制手缝针线迹形式（图4-44）。

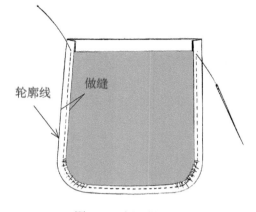

图4-44　折烫做缝

 我的收获 _____

_____

_____

 我的疑惑 _____

_____

_____

 自我测评　**绘制女式衬衫前衣片折烫贴边的工艺图**

　　其评价标准：◇　各部位表达准确。

　　　　　　　　◇　结构线条清楚。

子任务2　双层及多层衣片平面工艺图绘制

❓ 小问号

　　在服装的制作工艺中，多数为双层衣片的缝制。如收额、缝合侧缝肩缝、衣领的制作、袖头的制作等。在进行工艺图绘制时往往需要表现两层衣片甚至多层衣片。如何进行双层或多层衣片平面工艺图的绘制，我们应当从何入手，在绘制的过程中要注意些什么呢？

　　双层及多层衣片平面工艺图的绘制技术要领：在服装的制作工艺中，双层衣片的工艺在成衣的缝制过程中比重较大，其工艺图的绘制也是非常重要的。在绘制时同学们需注意既要使之符合工艺要求，又要准确表达每一个部位的比例关系，还要表现出衣片之间的重叠关系。我们分别通过西服裙收额及收阴裥和男西裤安装侧袋工艺图的绘制来分步讲解。

西服裙收褶工艺绘画步骤

步骤1　制作西服裙前片的毛样板

　　运用西服裙的结构制图，选择三棱比例尺上恰当的比例，进行西服裙前裙片毛样板的制作。制作完毕裁剪下来（图4-45）。

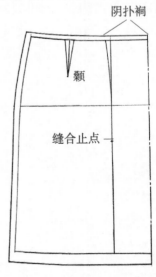

图4-45　西服裙前片毛样板

步骤2　绘制缉褶工艺图

　　（1）先根据西服裙前裙片毛样板绘制1/2的前裙片，再以前中心线为对称轴绘制另外1/2的前裙片（图4-46）。

　　（2）将图上左片褶中线AB延长至底边E，右片褶中心线A'B'延长至底边E'（图4-47）。

　　（3）分别以AE和A'E'为折转线，将侧缝一侧的C和C'部分分别复制到另一侧C''和C'''（图4-48）。

　　（4）画褶缉合的效果，标注褶量和褶长量（图4-49）。

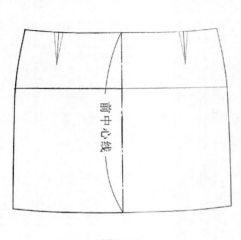

图4-46

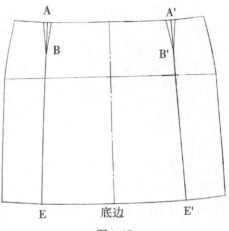

图4-47

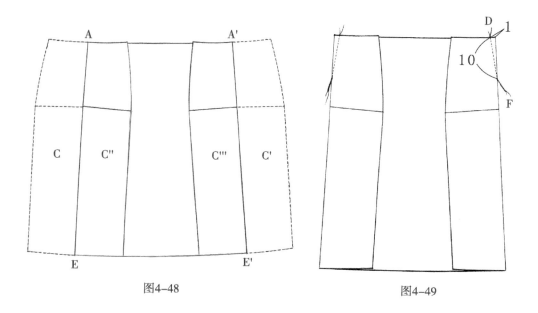

图4-48　　　　　　　　　　　图4-49

步骤3　缉阴裥工艺图的绘制

（1）按照西服裙前裙片毛样板画印。需注意侧缝臀部A点至腰口B点一段线条（虚线）需浅一些。由于已经缉襵，这一段线条要收进2cm（图4-50）。

（2）根据样板上襵的位置，按照襵量的大小以及襵的长度绘制襵的形态，注意襵的倒向与工艺要求相符。再用虚线绘制缉阴裥线迹。因为缉阴裥时为双层衣片，所以在侧缝线和腰口线的外侧再画出一条下层衣片的边线，表现为双层衣片（图4-51）。

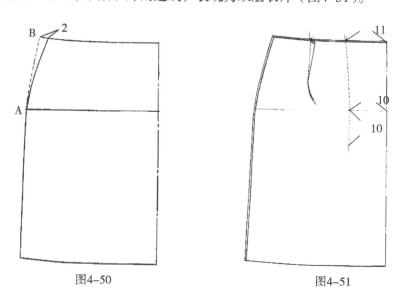

图4-50　　　　　　　　　　　图4-51

步骤4 熨烫阴裥工艺图的绘制（图4-52）

这一部分的绘制重点在阴裥部位。同学们可以参考制图时阴裥的具体数值。腰口处阴裥量为11cm，臀部至底边为10cm。因为熨烫阴裥时要将阴裥量烫扑下去，所以在腰口处阴裥以前中心为界，两边各5.5cm（阴裥两条边间距11cm），在底边处阴裥以前中心为界，两边各5cm（阴裥两条边间距为10cm）绘制熨烫褶裥后的边界线。再绘制出阴裥在腰口处与底边处的布边折转形态。需注意在用样板画印时，由于前中心线在最后的图中不显示，所以此线要画浅些。

步骤5 阴裥处缉明线工艺图的绘制（图4-53）

先按照前一个步骤绘制出裙片的外形；再绘制出颡的线条形态、腰口处颡的做缝以及阴裥折转的形态、前中心和底边处的阴裥折烫的形态；最后绘制出缉线形式。由于此图是正面工艺图，在绘制时需注意颡的倒向。明线的长短可参考样板上的标记。

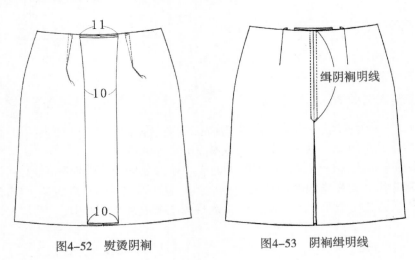

图4-52 熨烫阴裥　　　　　图4-53 阴裥缉明线

男西裤安装侧袋工艺图绘画步骤

步骤1 制作男西裤前裤片、后裤片、袋布的毛样板（图4-54、图4-55）

利用男西裤的制图方法，制作出男西裤前裤片、后裤片、袋布的毛样板。根据工艺图的需要在袋布毛样板上绘制出袋垫布的轮廓线。

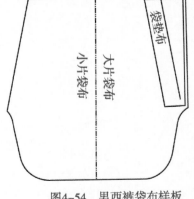

图4-54 男西裤袋布样板

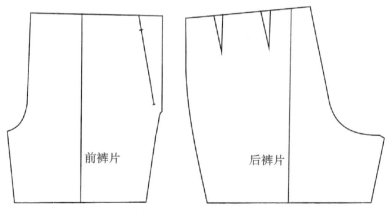

图4-55 前后裤片样板

步骤2 **前裤片与小片袋布缝合工艺图的绘制**（图4-56）

（1）先把前裤片样板放正，绘制前裤片轮廓线。

（2）把袋布样板与前裤片袋口线重合，绘制袋布的中心折转线、上口线、袋底弧线的形态。需注意袋底弧线表现的是缝合好之后的效果，所以绘制袋底弧线时要比样板缩进0.5cm。

（3）画出上层袋布的翻折效果，注意翻折部分袋布不可画得过大或过小，同时在袋布上把缉袋垫布的线迹A与袋底明线的线迹B绘制完整。在侧缝止口边与袋布重合的部分绘制出缝合的线迹形态C。

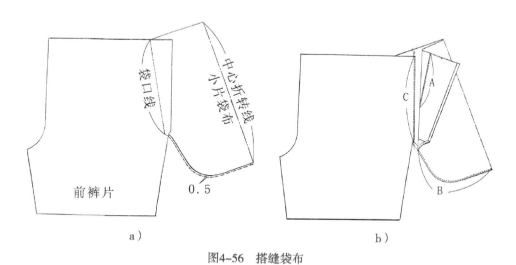

图4-56 搭缝袋布

步骤3 **袋口缉明线工艺图的绘制**

（1）将前裤片样板沿袋口线剪开，丢掉小部分（图4-57）。再沿样板绘制轮廓线。

（2）在袋口处绘制袋口明线的线条形态。

（3）此时袋布掩盖在裤片的下层，为了表现裤片与袋布的层叠关系，所以把袋布在腰口处露出一小部分。而袋布根据工艺的要求不能放平，需要折转一部分（图4-58）。

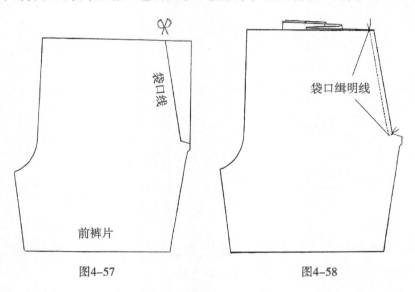

图4-57   图4-58

步骤4   固定袋下口工艺图的绘制（图4-59）

此步骤根据工艺要求需要将袋垫布放平，而大片袋布仍需折转着。袋垫布与裤片上口要平齐，但为了表现衣片之间的层次感，可稍错开些。

步骤5   缝合侧缝工艺图的绘制（图4-60）

（1）先绘制前裤片，再在前裤片的下层绘制后裤片。需注意后裤片已经收褶，后腰口大AB应在样板的基础上缩进两个褶量的大小。在绘图时还要考虑褶的倒向与工艺的相符，褶的位置可以参考样板上的标记。

（2）在前裤片上画出袋的大形，在图上绘制出缝合侧缝的线迹。需注意缝合侧缝时只把袋垫布缝合，而袋布需要折转到另一侧。

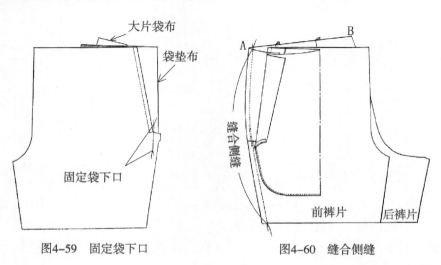

图4-59 固定袋下口   图4-60 缝合侧缝

? **想一想**　下面是女式衬衫安装袖头的工艺图，同学们如果不制作样板能绘制出来吗？请试着绘制一下（图4-61、图4-62）。

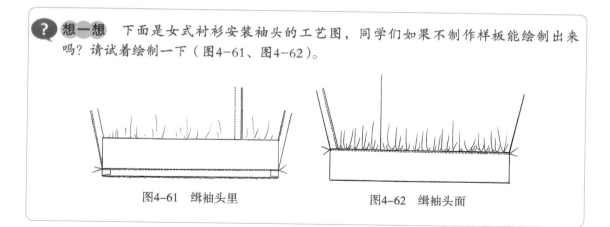

图4-61　缉袖头里　　　　　　　　　图4-62　缉袖头面

我的收获

<u>　　　　　　　　　　　　　　　　　　　　　　　　　　　　　　　　　</u>

<u>　　　　　　　　　　　　　　　　　　　　　　　　　　　　　　　　　</u>

我的疑惑

<u>　　　　　　　　　　　　　　　　　　　　　　　　　　　　　　　　　</u>

<u>　　　　　　　　　　　　　　　　　　　　　　　　　　　　　　　　　</u>

自我测评　**绘制男衬衫衣领制作的工艺图**

　　其评价标准：◇　各部位比例表达准确。

　　　　　　　　◇　结构清楚，符合工艺要求。

　　　　　　　　◇　能够表达出衣片之间的层叠关系。

子任务3　多层衣片立体工艺图绘制

? **小问号**

　　在服装工艺图绘制中，经常会遇到多层衣片变形后的工艺图绘制，我们称它为多层衣片立体工艺图绘制。如装领、装袖等。如何进行多层衣片立体工艺图的绘制，我们应当从何入手，在绘制的过程中要注意些什么呢？

　　多层衣片平面工艺图的绘制技术要领：在服装工艺图绘制中，多层衣片立体工艺图的绘制是较为复杂的。在绘制时，对于某些部位如：领口大、小肩宽、挂面宽、做缝的大小等一些部位可以参考具体数据进行绘制；而对于发生了立体变化的部位，就要根据自己的理解进行想象与表现。我们通过女衬衫装领和男西服装垫肩立体工艺图的绘制分别进行讲解。

女衬衫装领立体工艺图绘画步骤

步骤1　制作女衬衫前后衣片及领样板

　　根据女衬衫的结构制图绘制前、后衣片上半部分的样板以及领样板。分析工艺，在装领时前后衣片的肩缝已经缝合，所以制作样板时肩缝为净印。衣领在下口线为毛缝。样板的制作只是为了获取一些部位的规格，作为绘制工艺图时的依据（图4-63）。

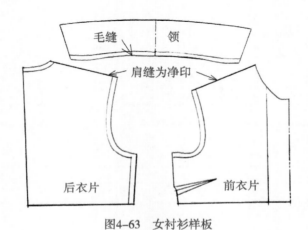

图4-63　女衬衫样板

步骤2　装领里工艺图的绘制（图4-64）

　　（1）先完成装领时衣片的摆放效果图，要以拉直的领口为刻画中心，变形后的衣片要根据自己的理解进行准确的表现。肩缝的长短、贴边的宽窄、领口的大小都要以样板的规格为依据。

　　（2）在衣片领口上绘制领子的形态。缉线起针时，衣片贴边向正面折转包住领子，使领子在贴边与衣片之间。为了能表现出装领线迹，绘制领面下口时要有一部分向上翻起的形态。

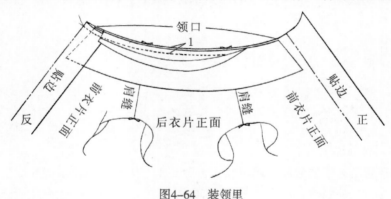

图4-64　装领里

步骤3　装领面工艺图的绘制（图4-65）

在绘制此工艺图时，需注意肩缝的长短、领口的大小、贴边的宽窄同样要依据样板的数据。肩缝线迹的宽度、装领里线迹的宽度均为1cm（采用和样板制作时相同的比例）。在这个图中，领子和衣片都用变形的绘制的手法，好的绘画基础是画好立体工艺图的保障。

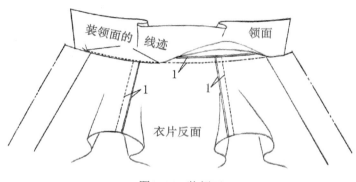

图4-65　装领面

男西服装垫肩立体工艺图绘画步骤

步骤1　制作男西服前衣片及领样板（图4-66）

绘制出男西服前衣片上半部分的样板。根据工艺图的需要，绘制出除袖窿部位等待安装袖子外，其他部位为缝合好之后的效果，所以在制作样板时袖窿弧线为毛缝，放缝1cm，其余的轮廓线为净印，之后在前衣片样板上画出挂面的轮廓线。

步骤2　袖窿部位的立体工艺图绘制（图4-67）

（1）先按照前衣片的样板绘制轮廓线。

（2）把平面的袖窿部位绘制成立体效果。

（3）把领样板的下口线与衣片领口重合，绘制出上领后衣领的状态，注意衣领的前领角造型不可变形。

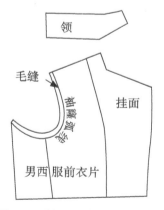

图4-66　男西服前衣片及领样板

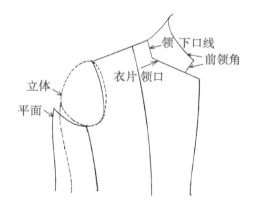

图4-67　袖窿部位

步骤3　安装垫肩的立体工艺图绘制（图4-68）

（1）在上一个图的基础上，画出垫肩的形状。注意垫肩的位置要和工艺要求相符。

（2）绘制手缝针线迹形态。分别为固定垫肩和袖窿做缝（线迹A）、固定垫肩的弧形边与衣片（线迹B）。注意要把两种线迹形式准确、清晰地表现出来。

（3）表现前衣片肩部的衣里挒向衣领后形成的堆积效果。

（4）绘制袖子的做缝及里袋，完善细节的绘制。

步骤4　袖窿面、里手缝针固定立体工艺图绘制（图4-69）

此图重点一是在肩部需要把垫肩的厚度绘制出来，约1.5cm。二是把手缝针的线迹A表现出来。

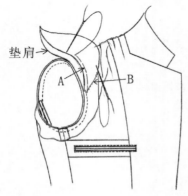 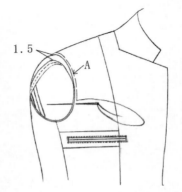

图4-68　装垫肩　　　　　图4-69　袖窿面、里手缝针固定

 我的收获 _____

_____

_____

我的疑惑 _____

_____

_____

自我测评　　**画出下面女式衬衫衣工艺图的前一个步骤**（图4-70）

其评价标准：◇　各部位比例表达准确。

◇　结构清楚，符合工艺要求。

◇　能够表达衣片的立体效果。

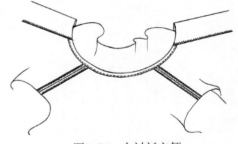

图4-70　女衬衫衣领

学习时装画人体基础知识

任务1　从真实人体到时装画人体

任务目标　* 掌握时装画人体比例。
　　　　　* 理解人体结构的基本知识。

工具箱

　* 人体结构画册、时装画册或时装画作品。

知识点1　人 体 比 例

❓ 小问号

　　时装画是一种夸张的艺术，只有经过夸张的人体，才可使时装画呈现出时髦而优雅的效果，人体的比例夸张是时装画夸张变形的根本，那么时装画人体比例是如何进行夸张的？

　　时装画人体比例是以头长为单位计算的。图5-1和图5-2是学生的时装画作业。分析两幅作业中的人体，我们会发现采用真人比例会产生笨拙感，从而削弱服装设计的色彩。时装画的特点是模仿人体，但又常常削弱人体的自然体态，采用夸张的、理想的人体比例最大限度地表现出人体优雅的气质。

　　在绘制时装画时，为了使服装更具设计特色，往往将人体比例进行夸张。

　　一般真人的身体为七或八个头的长度，在时装画中，为了使人物显得修长，将人体比例拉长至九头或九头半长（图5-3）。

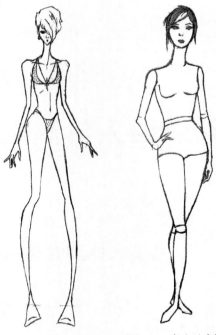

图5-1　夸张比例　　图5-2　真人比例

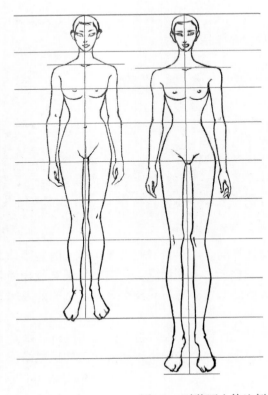

1. 头顶—颏底

2. 颏底—腋下

3. 腋下—腰

4. 腰—大转子

5. 大转子—大腿中

6. 大腿中—膝关节

7. 膝关节—小腿中

8. 小腿中—踝上

9. 踝上—脚底

图5-3　时装画人体比例

面部五官的比例，有"三庭五眼"的说法。三庭指上庭（从前额的发际线到眉弓骨的距离），中庭（从眉弓骨到鼻底的距离），下庭（从鼻底到下颌底的距离），三者距离相等。五眼指的是正面看人的面部从左耳到右耳之间的距离，为五只眼睛的长度。其中两只眼睛本身为两个眼长，两眼之间为一个眼长，从两外眼角到两耳外侧，各为一个眼长。耳朵的位置在眉弓线与鼻底线之间（图5-4）。

人手的长度与人脸从颏底到额发际的长度相等，脚的长度为一头长。手由手掌和手指两大部分构成，手掌长与手指长之比等于4:3，在时装画中手和脚都是被夸张长度的部位，尤其对手指的夸张更为常见（图5-5）。

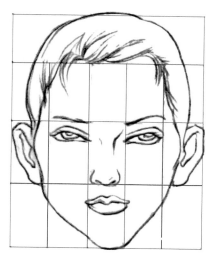

图5-4　三庭五眼

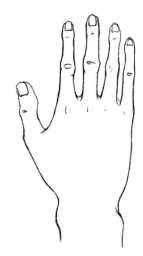

图5-5　手部比例

? 想一想　下图人体比例问题部位是同学们极易出错的位置，你能分析出其中存在的问题吗（图5-6、图5-7）？

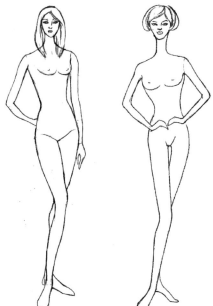

腰太长了，使得人体不够精神和挺拔，问题出在胯线的位置过低。

胳膊短了，给人感觉很不舒服。肘的位置应该齐腰长。

图5-6　　　　　图5-7

开眼界

　　时装画中的人体比例是多种多样的，时装画丰富多彩的风格也得益于时装画人体的多样性；一般情况下，时装画人体比例都有所夸张，通过增加身高使人体高挑是最常见的夸张方法之一。下面我们介绍两种常见时装绘画人体比例。

　　各种各样的时装画人体比例如图5-8、图5-9所示。

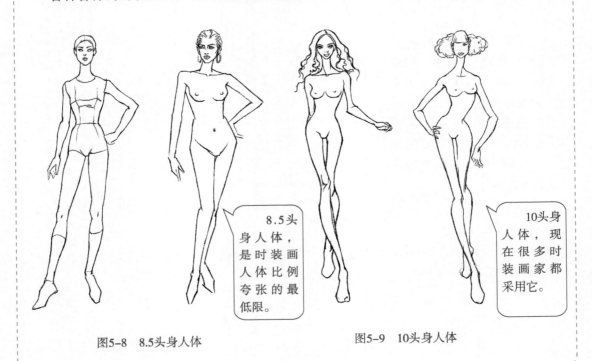

8.5头身人体，是时装画人体比例夸张的最低限。

10头身人体，现在很多时装画家都采用它。

图5-8　8.5头身人体　　　　　图5-9　10头身人体

我的收获

_____

_____

_____

我的疑惑

_____

_____

_____

自我测评　**时装绘画人体比例分为九头长，即**_____、_____、_____、_____、_____、_____、_____、_____、_____。

知识点2 人 体 结 构

? 小问号

　　人体是一切造型中结构最复杂、最微妙的有机体，这部分知识是很难顺利掌握的。对于我们，有没有一种更简单，对于时装画造型更适用的人体结构教程呢？

　　比较图5-10两幅时装画人体作业：同样比例的人体，在外观效果上给人不同的感受，一幅人体单薄、空洞，一幅人体丰厚、生动，分析形成这两种效果的原因。

　　人体外在的形态，是在肌肉和骨骼共同影响下形成的，人体肌肉和骨骼结构的表达直接关系到人体绘画的精确、生动。人体结构是时装画人体造型的基础，只有对人体结构有一定的了解，时装人体绘画才能更准确真实。画时装人体必须对人体的结构知识进行深入学习，了解人体皮肤下面的肌肉和骨骼组织。

　　要了解人体的肌肉和骨骼结构，就必须了解肌肉和骨骼的形态和组合关系。下面结合人体各部位的结构图，介绍人体内部结构和外在造型的特点，帮你了解人体内部骨骼肌肉构造和外在的体表形态之间的关系。

（一）躯干的结构

　　躯干部分的形体主要由胸廓、锁骨、骨盆和脊柱组成。胸廓和锁骨构成胸部倒梯形的大形，支撑胸部的胸廓呈倾斜的卵形；臀部由骨盆和股骨的上端构架而成，呈正梯形。躯干部分的肌肉依附于胸廓和骨盆上，构成躯干的外廓形，其中对外廓形影响较大的肌肉有人体正面胸部胸大肌、腹部腹直肌、腰部腹外斜肌、臀部臀中肌，人体背面覆盖腰背的斜方肌与背阔肌，臀部的臀大肌（图5-11、图5-12）。

图5-10 时装画人体作业

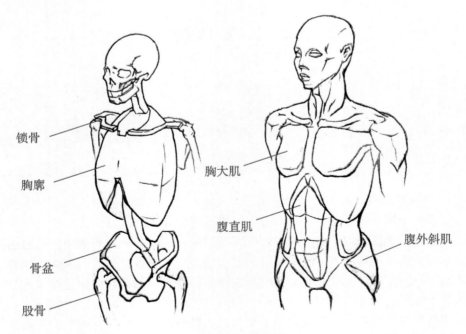

图5-11　躯干图1

锁骨

胸廓

骨盆

股骨

胸大肌

腹直肌

腹外斜肌

　　　胸部的胸大肌呈方圆形，覆盖于胸廓之上，外侧在腋部连接于肱骨，形成腋窝，从半侧面可以明显看到胸大肌和胸廓的层次造型。胸廓的侧底端对胸部造型影响很大，胸廓底端和腰部的肌肉形成明显形体变化。

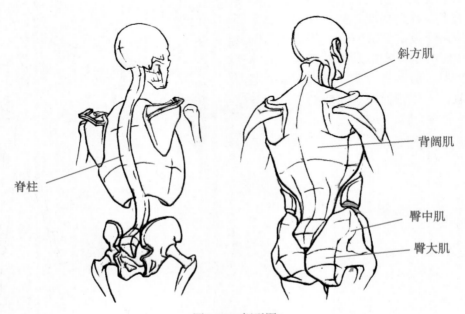

斜方肌

背阔肌

臀中肌

臀大肌

脊柱

图5-12　躯干图2

骨盆后高前低，像一只簸箕。髂嵴是簸箕的上口，女人骨盆的该部位较为宽大，通常腰部的腹外斜肌和髂肌在外形上有明显的起伏变化，所以骨盆形态尤为显著（图5-13）。

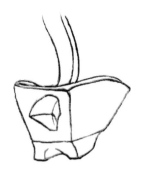

图5-13 骨盆简易图

（二）上肢结构

人体大臂由肱骨构成，肱骨上圆下扁，较为平直。人体小臂由拇指侧的桡骨和小指侧的尺骨组成，桡骨和尺骨都呈三角形，像一块从对角线劈开的木头，尺骨顶部宽底部窄，而桡骨顶部窄底部宽。人体大臂造型由两组肌肉构成，一是扣于肩部的三角肌，二是由肱二头肌、肱三头肌组成的圆柱体造型。小臂造型由拇指侧的肌群（肱桡肌和伸肌群）和小指侧的肌群（屈肌群）组成（图5-14、图5-15）。

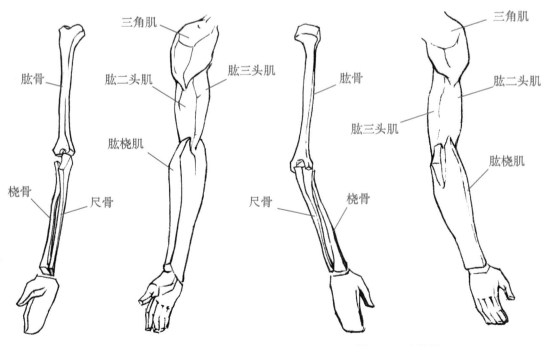

图5-14 上肢图1   图5-15 上肢图2

肱桡肌、伸肌群和屈肌群集中于小臂中上部，形成小臂上粗下细的锥状造型。肱桡肌包裹在桡骨上头，屈肌群则在尺骨一侧，两块肌肉相交形成肘窝。肘关节后端，尺骨的上端鹰嘴突在造型上很明显，观察侧面的小臂时，尺骨鹰嘴突可以显露出来。

桡骨可以自由旋转，它与尺骨相互运动对上肢的造型产生影响。手掌向前时，尺骨和桡骨平行；手掌向后时，尺骨与桡骨交叉（图5-16）。

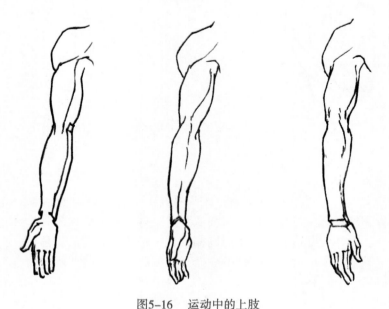

图5-16　运动中的上肢

手分为手掌、拇指部和指部三部分，骨骼犹如扇子一般，放射状地聚集于手腕，拇指部和指部的造型呈阶梯状柱状体，成为手部刻画的难点（图5-17）。

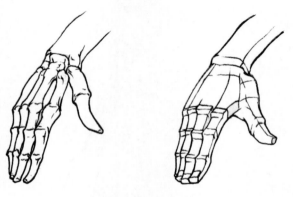

图5-17　手部结构图

（三）下肢的结构

人体大腿由股骨构成，人体小腿由胫骨和腓骨构成；对大腿外形影响较大的肌肉有外侧的阔筋膜张肌和股外肌、内侧的内收肌群，对小腿外形影响较大的肌肉是三角形的腓肠肌（图5-18、图5-19）。

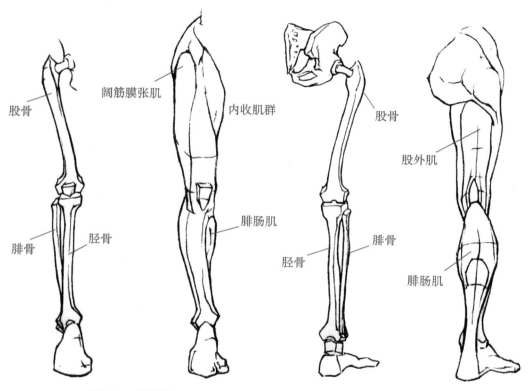

图5-18　下肢图1　　　　　　　　　　图5-19　下肢图2

大腿和小腿不是一条直线。从正面和背面来看，大腿呈从上至下向内的斜线，膝向外斜，小腿又向内斜；从侧面来看，下肢则呈"S"形折线。

脚由脚跟、脚背、脚趾和脚踝组成。脚部呈拱形，侧面观察拱形较为明显。脚踝内侧高，外侧低，是时装绘画人体的关键骨点（图5-20）。

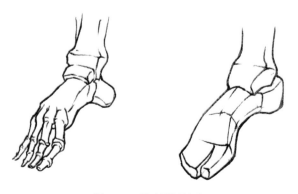

图5-20　脚部结构图

（四）头、颈部的结构

头部由卵形的头颅和楔形的面颅组成。面颅骨骼对面部造型的影响极大，面颅骨骼中眼眶以上为额骨，额骨下连颧骨，颧骨又横接耳孔，下接上下颌骨。在上颌骨之上、两眼眶之间隆起的鼻骨则形成鼻梁。颈部由颈椎构成，它的形态像一个上略细下略粗，向前倾斜的圆柱子（图5-21、图5-22）。

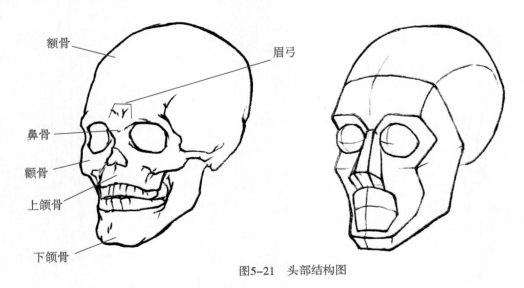

图5-21 头部结构图

在正面脸部的起伏造型中，最复杂的是眼眶边缘部位，形成眉弓、鼻梁和颧骨，眼睛作为一个球体镶嵌在其中。

颈底面呈一个倾斜的近似桃形的截面，其倾斜的趋势是由胸廓后高前低的造型决定的，颈底截面的下端中心为颈窝点，是设计人体动态的一个关键骨点。

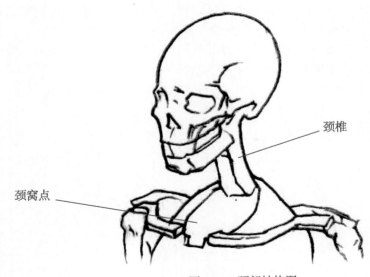

图5-22 颈部结构图

? 想一想 以下人体中的结构问题在哪里（图5-23~图5-25）？

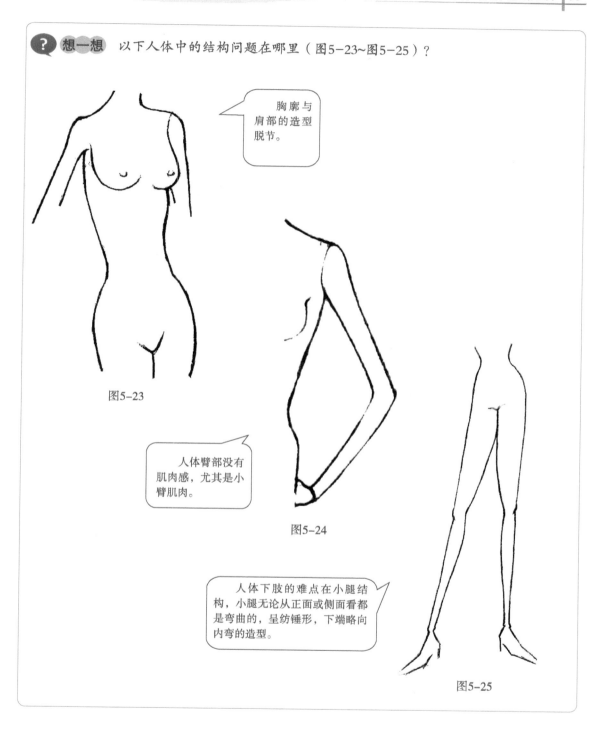

胸廓与肩部的造型脱节。

图5-23

人体臂部没有肌肉感，尤其是小臂肌肉。

图5-24

人体下肢的难点在小腿结构，小腿无论从正面或侧面看都是弯曲的，呈纺锤形，下端略向内弯的造型。

图5-25

 我的收获

我的疑惑 _____

_____

_____

 请对空白处缺失的人体进行概括的填充（图5-26）。

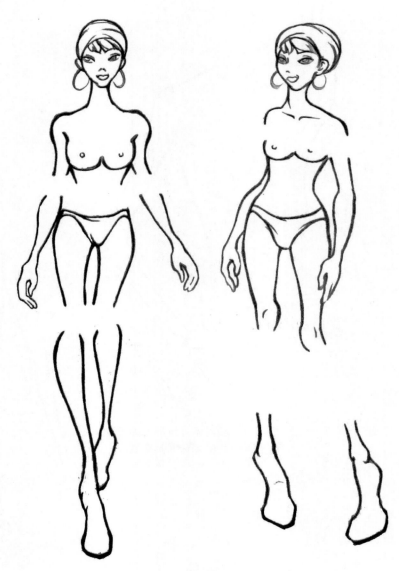

图5-26

任务2 探求时装画人体的动态规律

任务目标　　* 理解人体重心平衡的规律。
　　　　　　　　* 掌握时装画人体常见动态。

工具箱

* 人体结构画册、时装画册或时装画作品。

知识点1 重心的平衡

?小问号

　　平衡是一种美，时装画人体是一种追求平衡美的人体表现形式。不平衡的人体，不仅无法站稳，还会使所绘形象失去优雅的效果。绘制平衡姿态的人体是时装画的基本要求，那么如何绘制平衡的人体，有没有规律可循呢？

　　小辞典　●

　　人体重心线：是一条垂直于地面的线，人体在站立时，它是由颈窝点往下垂直的一条直线，一直到地面。

　　观察下列时装画人体动作（图5-27），在这两人中，你认为平衡或是失衡的人体哪个让你感觉更舒适？平衡或不平衡的姿态与人体重心线的关系是怎样的呢？

　　平衡是形式美法则之一，平衡是我们追求安定和平稳的一种审美需要。人类对于人体的审美标准，同样需要平衡，所以平衡的人体是绘画艺术包括服装绘画所必然推崇的。

　　人体的平衡和人体的重心线在运动人体中的位置有很大关系。在运动中为了保持平衡，人体的各个部位也会自然出现相应的动作来维持身体的稳定，下面就两个方面的因素来分析人体平衡的规律。

（一）人体重心线

　　过人体颈窝点的重心线和脚跟骨点，是决定人体动态的关键因素。在时装人体绘画中，我们根据其位

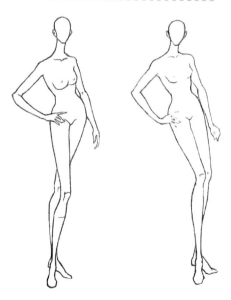

图5-27 平衡和失衡的人体

置可以绘制平衡的人体动态。当重心线和脚跟骨点在一条垂线上时，人体呈现正立的静止姿态；当重心线落到人体一只脚或两只脚之间的位置时，人体呈现平衡的运动姿态。如果重心线在一只脚上，那么这只脚所在的腿叫做承重腿。而重心线落到两只脚之外的一侧，那么人体就会因失去平衡而无法站稳了（图5-28）。

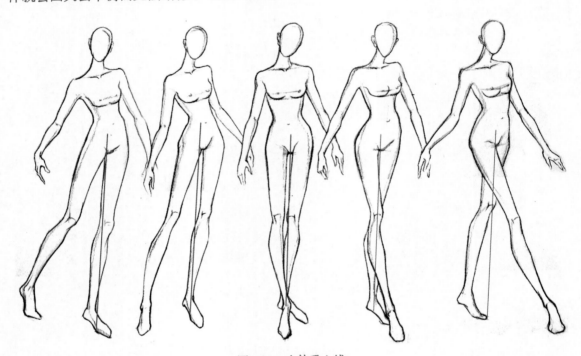

图5-28　人体重心线

（二）肩线和髋线

　　一个动态的姿势会使人体胸部和臀部产生扭动，从而形成胸部上端肩线和骨盆髋线的倾斜变化。当人体倾向于左边或右边时，躯干支撑人体重量的一侧髋部就会抬起，肩膀则向身体承受重量的一侧放松垂下，如此肩线和髋线出现了角度。这一角度的产生，形成了动态平衡的第二个规律，也就是在人体的同一侧，肩线的倾向和臀线的倾向往往一个向上一个向下，形成倾斜角度（图5-29）。

图5-29 平衡人体的肩线和髋线

　　在运动之中，肩线和髋线必呈一定的倾斜角度。人体动作越大，肩线和髋线的倾斜度也越大。而且当人体向一侧倾斜时，另一侧的胳膊或是大腿就会自然而然地向另一侧伸展，以补偿所失去的重量。

练一练 请根据图5-30中人体的简化造型，绘制空白下肢的简化动态线。

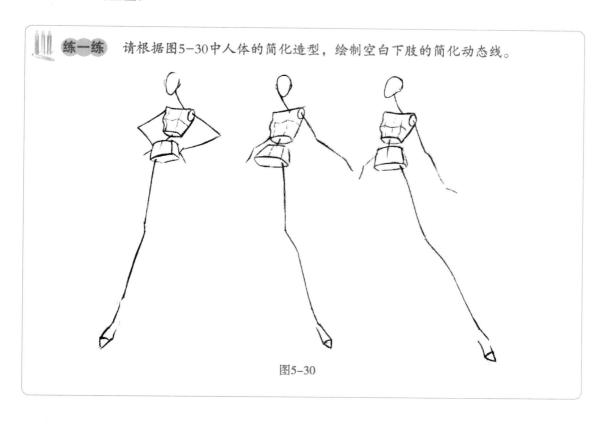

图5-30

我的收获 _____

_____

_____

 我的疑惑 _____

_____

_____

自我测评 根据图5-31所给出人体动态，用钢笔画出其人体重心线。

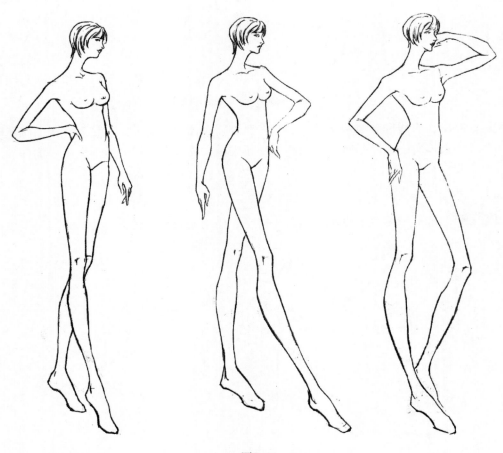

图5-31

知识点2　时装画人体常见动态

?小问号

　　学习了动态规律，懂得了动态的理论，但是自己还是编排不好人体的动作，有的动作僵硬呆板，有的无法表现服装的风格情调，有没有常见的人体动作可以学习呢？

　　观察图5-32时装画作品，你认为其人体的动作设计适宜表现该服装的款式吗？

图5-32　动态复杂的时装画

　　要画好时装画，人体动态的选择也很关键，图5-32中人体的动作过于激烈，使服装变形，导致无法完整、清楚地表现设计的款式。

　　生活中的人体姿态虽然千变万化，但应用于时装画中的姿态，却应当没有太大的伸展和弯曲动作。在这些姿态中，人体的朝向和动作都应以能够充分表达服装款式和风格特点为原则，过于呆板或过于剧烈的动作都不利于展示服装。时装画中的女性形象往往采取重心稳定、柔美窈窕的姿态，下面介绍两种较为常用的女体姿态。

（一）丁字步姿势的人体动态

丁字步姿势的人体动态是亭亭玉立的姿态，最适宜表现文雅的服装款式。如礼服、旗袍、紧身裙等的着装图，就常用到此姿态。丁字步站立者的两只脚都聚拢于重心线上，腿部动作幅度相对较小，由于腿部动作的单调，其手臂和颈部的动作应设计得更丰富一些（图5-33）。

图5-33　丁字步姿势的人体动态

（二）稍息姿势的人体动态

　　稍息姿势的人体动态，腿部动作舒展，可以充分展示下装的款式特点，是另一种最为常见的服装人体动态。放松外伸的这条腿不太好画，它的位置一定要和上身的动作相互协调（图5-34）。

图5-34　稍息姿势的人体动态

开眼界

　　服装画人体的动态可以根据服装款式展示的需要进行设计，作为专业学生，我们在观看时装表演和欣赏时装绘画时，应当搜集多种人体姿态，进行各种姿态的绘画尝试。

　　丰富的时装画人体动态如图5-35所示。

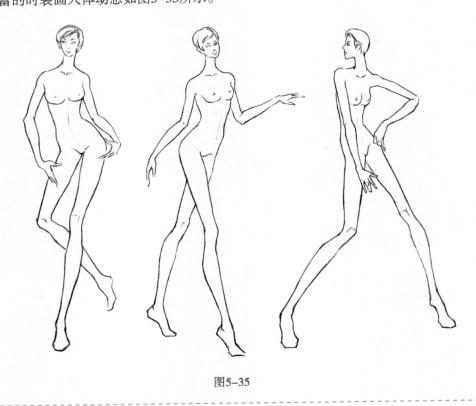

图5-35

 我的收获 _____

_____

_____

🗝 我的疑惑 _____

_____

👥 自我测评　**搜集时装画人体四个，要求其中两个为丁字步姿势站立，两个为稍息姿势站立。**

时装画人体训练

＊ 掌握时装画绘制的步骤和方法。

工具箱

＊ 时装画人体资料、2B铅笔、素描纸。

任务1　时装正面人体绘制

?小问号

　　时装画是不是有固定的绘画程序呀？有时我们随性地勾画，总是达不到时装画特定的效果，要么人体比例不够优美，要么人体动态生硬。那么时装画具体应当按照什么步骤来绘制呢？

　　时装画人体的美化： 时装画属于装饰性绘画，不管是服装还是人体，都具有强烈的形式美感。要想完美地绘制时装人体，仅靠描绘出其形体结构，是远远不够的，还需要对人体进行美化。

　　在画时装人体的时候，先要简化繁复的结构造型，抓住主要的大的体块造型特征，采用提炼、修饰、夸张、概括等的变形手法进行描绘。强调其优美的形体特点，强化大体块间的衔接转折，就会得到唯美的时装人体（图6-1、图6-2）。

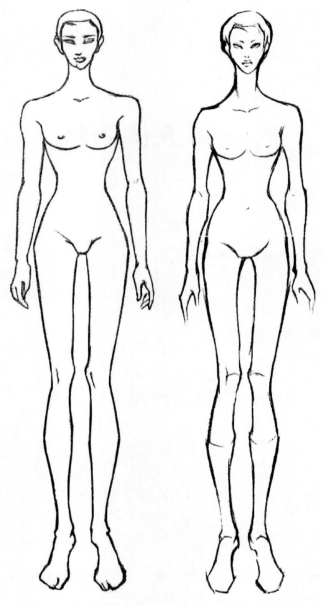

图6-1　未经美化的人体　　　图6-2　美化过的人体

🎨 绘画步骤

步骤1　确定比例动态（图6-3）

先作一条竖线，人体比例有九个头长，将这一竖线一分为九份，每一份为一头长，用短线确定出：下颌（第一个头长处）、肩线（取第二个头长的二分之一）、腰节（第三个头长处）、髋骨（第四个头长处）、膝盖（第六个头长处）、踝骨（取第九个头长的二分之一）。之后绘制人体肩部、腰部、髋部动态线 ，并定出肩、腰、髋宽度比例，接着绘制人体躯干前中心线，再于髋线较高一侧绘制承重腿。余下的肢体动态可根据动作的协调性自由选择。注意要将人体各部位动态都绘制出来，小的人体部位（手、脚）亦不可空缺。画动态的时候还要适当表现出人体的体积感，如胸腹部的起伏，四肢的弯曲倾向等，这些刻画都能很好地标示人体结构（图6-3）。

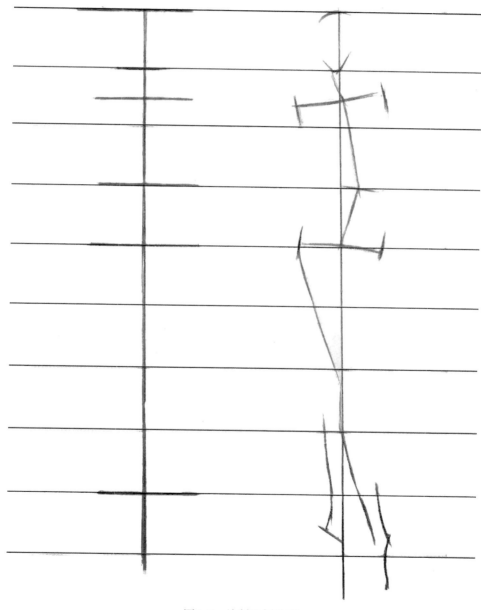

图6-3 绘制比例动态

步骤2　明确人体基本形态

　　在上一步基础上，绘制各人体体块的基本位置和形态。正面的人体中线左右形体大致一样，绘制时注意各腔体和肢体的宽度比例，各人体体块的衔接也应当着力表现。在基本形态雏形的基础上，明确各体块形态和穿插关系，将各体块体量感表现出来（图6-4）。

图6-4　绘制人体基本形态

步骤3　绘制人体轮廓

　　初学者可以用几何分析的方法，将人体还原成坐标模块。先概括地表现人体构造，之后绘制连续的人体轮廓，对人体细节进行刻画，此步骤要注意对人体的概括和美化表现（图6-5）。

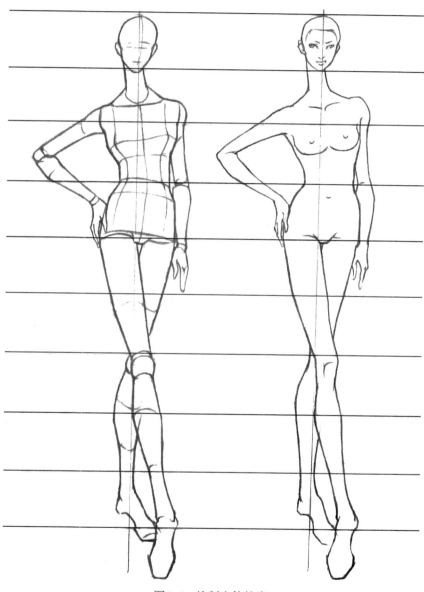

图6-5　绘制人体轮廓

我的收获
_____
_____
_____

 我的疑惑
_____
_____
_____

自我测评 **临摹正面时装画人体**

其评价标准：◇ 比例正确。
◇ 动态自然优雅。
◇ 形象优美。

任务2　时装半侧面人体绘制

小问号

画过正面的时装人体，基本上可以掌握画人体的方法了。但是，不同的人体角度，还是有各自不同的注意事项。服装画中最常用到的是半侧面人体，那么半侧面人体的绘制步骤又是怎样的呢？

半侧面人体的前中心线：从画面上看，正面人体躯干的前中线是人体的对称轴，正面人体的造型于前中心线左右对称分布；半侧面人体是正面人体的转体，半侧面人体躯干的前中心线，则不是人体的中分线。由于人体发生扭转，前中心线更靠近扭转的一方，前中心线左右的人体造型并不对称，其中一侧可以看到人体正面和侧面的造型（图6-6）。

绘画步骤

步骤1　确定比例动态

半侧面和正面的人体比例确定法基本相同。先作一条竖向辅助线，分出九个头长，再确定人体下颌、肩线、腰节、髋骨、膝盖、踝骨的位置。接着绘制肩、腰和髋的动态斜

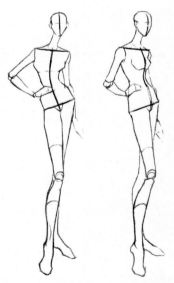

图6-6　正面和半侧面人体比较图

线，然后定出肩、腰、髋宽度比例，绘制透视之中的人体前中心线（由于半侧面角度的透视变形，肩部、腰部和髋部的横向长度会有所缩短，前中心线左右两侧的造型比例，也会因透视而近大远小），之后于髋部较高一端绘制承重腿，最后把余下的肢体动态绘制出来（图6-7）。

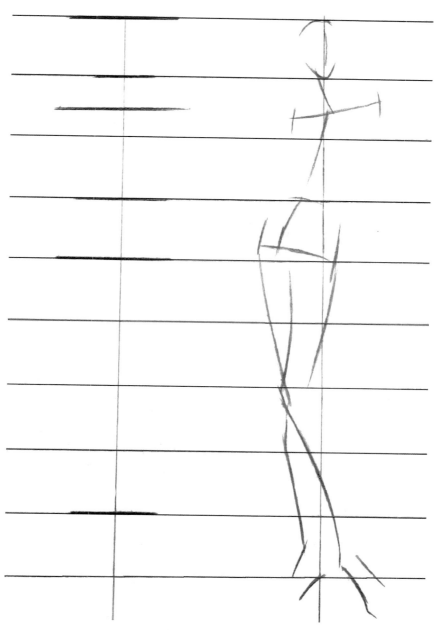

图6-7　绘制比例动态

步骤2　明确人体基本形态

在人体动态线基础上，绘制各人体体块的基本位置。半侧面的人体前中心线左右形态不尽相同，除了透视所带来的体块比例差异，左右的人体结构差异也很大，需要着力表现。接着刻画人体的简化造型，用笔强调出各体块的穿插（图6-8）。

图6-8　绘制人体基本形态

步骤3 绘制人体轮廓

基本形呈现之后，可用几何分析的方法概括地表现人体构造。半侧面可以看到背部和后臀部的造型，绘制时注意对骨骼和肌肉的刻画要到位，同时注意形体的概括和美化（图6-9）。

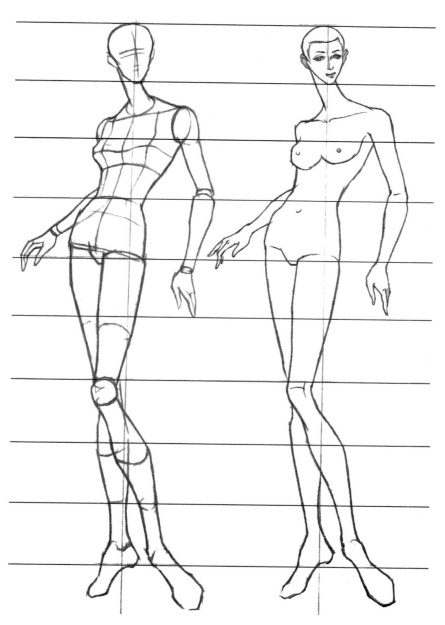

图6-9 绘制人体轮廓

? **想一想** 半侧面人体较正面人体更难画，下面是同学经常出错的部位（图6-10~图6-12），你能说出它们在哪里吗?

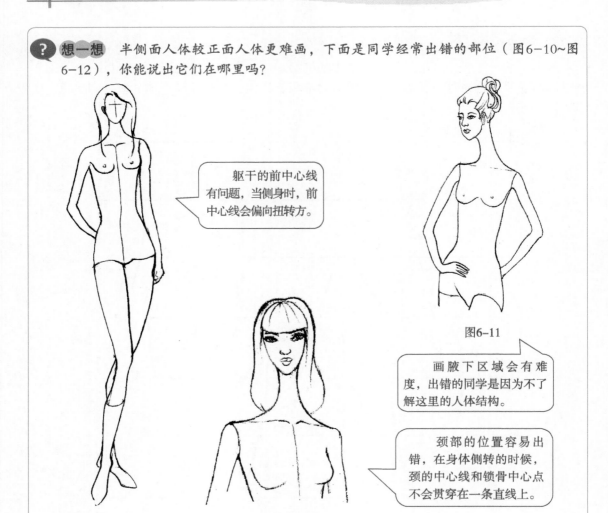

躯干的前中心线有问题，当侧身时，前中心线会偏向扭转方。

图6-11

画腋下区域会有难度，出错的同学是因为不了解这里的人体结构。

颈部的位置容易出错，在身体侧转的时候，颈的中心线和锁骨中心点不会贯穿在一条直线上。

图6-10   图6-12

 我的收获 _____

_____

_____

 我的疑惑 _____

_____

_____

👥 **自我测评**　**临摹半侧面时装画人体**

其评价标准：◇ 比例正确。

◇ 动态自然优雅。

◇ 形象优美。

色彩基础训练

任务1　学习色彩基础知识——艺术创作中的色彩

任务目标　　＊ 了解色彩的分类知识。
　　　　　　　＊ 熟悉常用服装色彩。

工具箱

　　＊ 有关色彩（尤其装饰色彩）的书籍。

知识点1　色彩的分类

? 小问号

　　之前学习了一段时间的素描写生，对写生有了一定的了解。素描追求自然物象的直观感受，要求准确地描摹客观物象。现在，在学习服装设计时，又接触到色彩设计，而设计时的色彩创作，不再拘泥于对物象的客观再现，需要对色彩进行更高层次的表现，那么两者的区别具体在何处呢？

　　观察两幅风景写生作品，体会写生色彩和装饰色彩的不同之处（图7-1、图7-2）。
　　分析上面两幅风景绘画，可以发现天空、河水和建筑，在不同的绘画者的笔下截然不同，一个色彩真实，是对自然的如实描绘，一个色彩夸张绚丽，是对色彩主观的表现。对色彩的迥异表达为画面带来了不同的绘画韵味，其中夸张者更能表达作者对自然风景的强烈感受。
　　根据色彩绘画的创作目的和方法的不同，我们将艺术创作中的色彩大致可分为两类——写生色彩和装饰色彩。

图7-1 重装饰的色彩作品

图7-2 重写生的色彩作品

（一）写生色彩

写生色彩以研究和表现自然色彩为出发点,对自然界色彩进行生动如实的描绘。它研究的是物体的固有色、光源色、环境色的关系,客观和写实地去表现物象的形体、质感、空间等,是我们认识色彩、表现色彩的源泉和基础。

固有色是物象本身的原色在光的照射下所呈现的相对恒定的色相,在物象的灰面一般体现为固有色。光源色指照射在物象上的光线颜色的倾向,物体受不同光线的照射,就会产生不同的光源色变化,物象受光面的色彩受光源色的影响最为明显。环境色指物象所在环境的色彩,物体暗部的色彩与环境色有着紧密的联系,一般呈现的色彩为固有色和环境色的混合色。写生中色彩造型就是对物体固有色、光源色和环境色的着力刻画,带有一定的被动性,虽然写生色彩也能表达作者的主观感受,但是其色彩塑造始终以再现客观色彩为目的,不可主观臆造（图7-3）。

（二）装饰色彩

装饰色彩不以仿真为目的,它不依附于客观物象,不停留在对客观自然色彩的再现,是在自然色彩的基础上经过概括、提炼和夸张后形成的,更注重色彩的主观领悟,是超越自然色彩之外的色彩研究。装饰色彩探索色彩美的规律,研究色彩的明度、纯度和色相,采用色彩对比、调和的搭配原则,运用色彩生理学、心理学有关知识,按照美的法则和主题所需对色彩进行变调加工（图7-4）。

图7-3 写生色彩

图7-4 装饰色彩

　　写生色彩着重模仿，注重形和色的真实性，装饰色彩则侧重表现色彩的诗意表达，往往带有理想化倾向。装饰色彩力求制造某种特定的艺术氛围和效果，因此十分重视形与神、色与意的多重关系，以象征的手法表现物象。

 开眼界

装饰色彩欣赏

　　现代各艺术流派的画家们越来越注重对感受和情绪的表现，他们不再依赖于自然色彩，他们绘制的色彩充满了装饰意味，制造了诸多极具艺术感的画面效果（图7-5~图7-12）。

图7-5　梵高

图7-6　马蒂斯

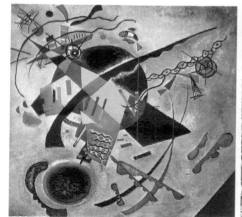

图7-7　康定斯基

图7-8　让·迪比费

图7-9　沃霍尔

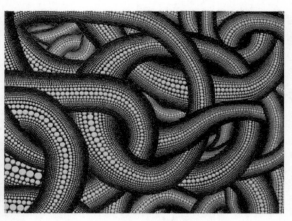
图7-10　草间弥生

图7-11　戴维·霍克尼

图7-12　凯斯·哈林

我的收获

_____

_____

_____

我的疑惑

_____

_____

_____

自我测评

◇ 1. 根据色彩绘画的创作目的和方法将色彩分为_____、_____两种。

◇ 2. 简述装饰色彩的特点。

知识点2 常用服装色彩

?小问号

服装的色彩多种多样，在专业领域经常听到各种各样的色彩名称，很想知道服装色彩是否有相关的规范名录？

图7-13和图7-14是两张用同样底版冲洗出的照片，两张照片中花朵呈现不同的粉红色，色彩有一定差距，你能准确说出这两种粉红色具体的名称吗？

图7-13　偏暖的粉红　　　　　　　　　　　图7-14　偏冷的粉红

色彩的种类是极其丰富的，色彩稍有偏差，则形成新的颜色。在生活中，人们以惊人的创造力为色彩起了不可胜数的名字，如银红、品红、酡红、酒红、玫红、嫣红、石榴红……我们对这些色彩的称呼并不统一，有的虽然名称不同，但实际上指的是一种色彩。

常用服装色彩：服装设计生产中，设计师必须把设计的服装色彩准确地传达给采购人员；采购人员在选购面料时，必须向面料商清楚地表达想要面料的颜色；而面料商则需让染整师准确地染出采购商所要的色彩；当服装生产出来之后，零售商还必须和生产厂家就衣服的色彩进行沟通。由此可见，一件成衣从创意到成衣销售，哪一环也少不了关于色彩的交流，少不了对色彩的准确定位和对色彩名称的共识，所以了解服装行业对色彩的习惯色称谓，成为我们学习色彩的必需一课。下面介绍几种常用的服装色彩（图7-15）。

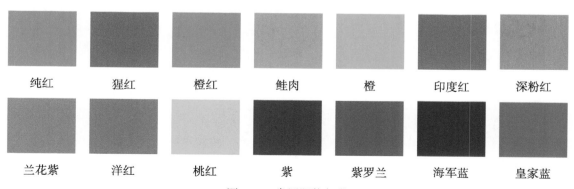

| 纯红 | 猩红 | 橙红 | 鲑肉 | 橙 | 印度红 | 深粉红 |
| 兰花紫 | 洋红 | 桃红 | 紫 | 紫罗兰 | 海军蓝 | 皇家蓝 |

图7-15　常用服装色彩

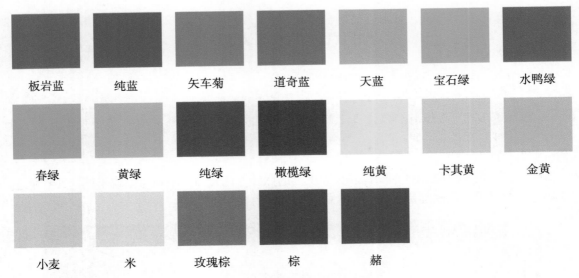

图7-15　常用服装色彩（续）

中国传统服装色彩颜色如图7-16所示。

　　中华民族文明辉煌悠久，服饰文化源远流长，在漫长的服饰史中，华夏民族对色彩形成了独到的审美观，下面我们介绍几种常见的传统用色，以备设计参考。

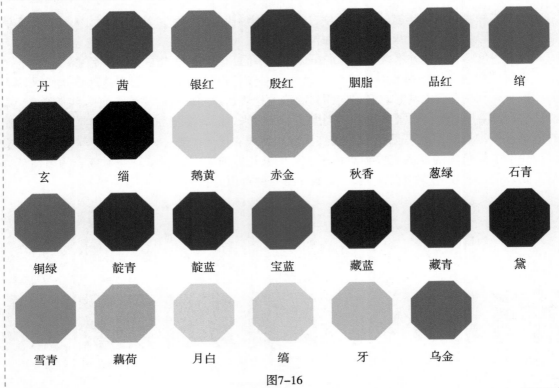

图7-16

我的收获 _____
_____
_____
_____

我的疑惑 _____
_____
_____
_____

自我测评　课下阅读西曼色彩书籍，认真识别其中的色彩，之后对下列文字填空。

◇ 1. 红色系中春季色的代表色_____，夏季色的代表色_____，
秋季色的代表色_____，冬季色的代表色_____。

◇ 2. 黄色系中春季色的代表色_____，夏季色的代表色_____，
秋季色的代表色_____，冬季色的代表色_____。

◇ 3. 绿色系中春季色的代表色_____，夏季色的代表色_____，
秋季色的代表色_____，冬季色的代表色_____。

◇ 4. 蓝色系中春季色的代表色_____，夏季色的代表色_____，
秋季色的代表色_____，冬季色的代表色_____。

◇ 5. 紫色系中春季色的代表色_____，夏季色的代表色_____，
秋季色的代表色_____，冬季色的代表色_____。

◇ 6. 粉红色系中春季色的代表色_____，夏季色的代表色_____，
秋季色的代表色_____，冬季色的代表色_____。

任务2　认清色彩的相貌

任务目标
＊掌握色相环绘制的方法。
＊掌握色相变化的方法。

工具箱

铅笔：可使用硬一些的素描铅笔，也可以选用自动铅笔。

调色盒：美术用品商店有售,用于调色和纳色的器皿，可根据调色的种类和用量来选择。

直线笔：描图的工具。也称鸭嘴笔，画线部位为两个鸭嘴状叶片，加墨时用小钢笔蘸取墨水，灌注在两叶片中间。加墨后，根据所画线条的粗细，调节叶片距离。画线时，应使鸭

嘴笔两叶片同时与图纸接触，笔杆向前进方向稍微倾斜。使用完毕后，松开调节螺母，擦净墨水。

　　毛笔：选择粗细两支，粗的为羊毫，大面积涂色用，细的为狼毫，用于勾色线或刻画细部。

　　圆规。

子任务1　色相环绘制

？小问号

　　色相环的作用很重要，认识色彩全靠它。画色相环看似简单，要画好它很不容易，绘制色相环有什么好的方法？

　　任何一种色彩都有色相、明度和纯度三种性质，这被称为色彩的三属性，也可视为色彩的三要素。其中色相是色彩中最基本的一个要素，研究它必然要涉及色相环（图7-17）。

　　色相：即色彩的"相貌"。每个色彩都被冠以一个名称，这叫"色相名"，色相名可以帮助我们记忆和使用色彩。

　　色相环：色彩学家为了便于研究，把红、橙、黄、绿、蓝、紫六种颜色以封闭式环状排列形成六色色相环。在六色色相环基础上，每两色间又增加过渡色，就可以推出更多色的色相环。现在专业领域经常使用的色相环，是24色色相环，它呈现微妙而柔和的色相过渡效果（图7-18）。

　　在12色或12色以上的色相环中包含了原色、间色和复色（图7-19）。所谓原色，即原始的颜色，不能由其他色调制而成的颜色。色彩的原色是红、黄、蓝三色，这三色为所有色彩的基本色（图7-20）。三原色的任意两种色等量调配形成间色——橙、绿、紫，也称二次色（图7-21）；将间色与原色相混或间色与间色相混称为复色，也称第三次色。将间色与原色相混得到的复色为一次复色，色相环上除去原色和间色，其他色均属一次复色包括红橙、黄橙、黄绿、蓝绿、蓝紫、红紫（图7-22）。

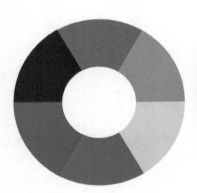
图7-17　六色色相环

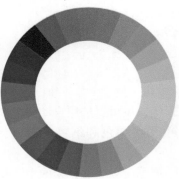
图7-18　24色色相环

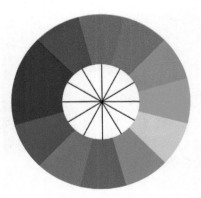
图7-19　12色色相环

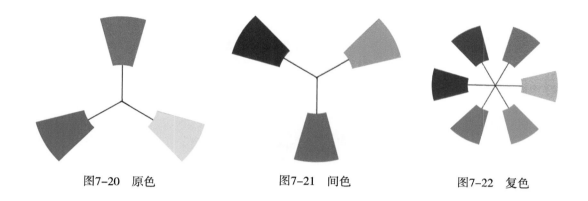

图7-20 原色　　　　　　　图7-21 间色　　　　　　　图7-22 复色

12色色相环绘画步骤

步骤1　勾线稿

用圆规绘制同心圆，将同心圆围成的圆环形分成平均的12份，每份为30°（图7-23）。

步骤2　调色

圆环的12份，依次色（通用水粉颜料名称）为大红、大红+橘黄、橘黄、橘黄+柠檬黄、柠檬黄、柠檬黄+浅绿、浅绿、浅绿+天蓝、天蓝、天蓝+青莲、青莲、青莲+大红，在调色盒中调制出这12色（图7-24）。

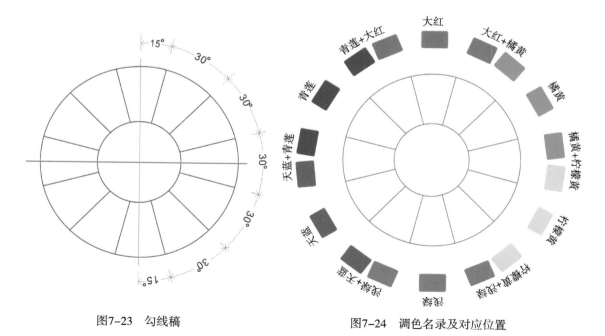

图7-23 勾线稿　　　　　　　　图7-24 调色名录及对应位置

⚠️ **常见错误**

　　要画好色相环，应重视两点，一是基本色相要选择准确，二是色相过渡要均匀柔和，图7-25色相环作业效果不是很理想，结合你在练习中的心得，说一说此图在这两方面的不足之处。

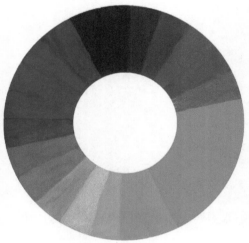

图7-25　色相环作业

步骤3　填色

　　为了使调色细致规范，建议选用锥型笔毛的毛笔来绘制色相环色彩。先用细笔沿需填色形的轮廓勾色线（也可用圆规来勾弧形轮廓，用直线笔勾直线形轮廓），再用粗笔从需填色形的边角处开始涂起，逐渐向未涂色区域涂色，注意每笔接色要迅速，切莫等前面笔触干涸再接色，形成难看的接痕（图7-26、图7-27）。

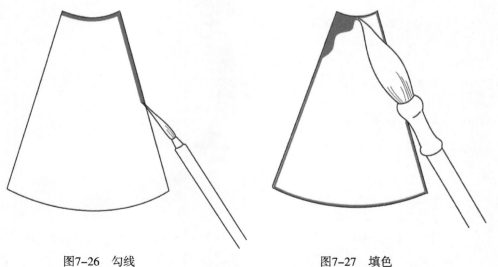

图7-26　勾线　　　　　　　　　　图7-27　填色

开眼界

色相环作业欣赏如图7-28、图7-29所示。

　　色相环作业练习，不仅是我们认识色相、了解各个色相关系的必要专业练习，也是大家认识和运用色相序列视觉效果的有效手段，以下作业中，作者巧妙地运用色相序列组合，使作业出现丰富的空间效果。

图7-28

图7-29

我的收获

_____

_____

_____

我的疑惑

_____

_____

_____

自我测评　**绘制12色色相环。**

　　其评价标准：◇　色相表达准确。

　　　　　　　　◇　色相推移过渡均匀。

　　　　　　　　◇　绘制效果细腻。

子任务2 改变色相

?小问号

　　色相的种类多种多样，自然界里色相更是不胜枚举，但是我们却只能调出习惯的有限的几种色彩。怎么样才可以丰富我们的色域，有没有科学的方法呢？

　　同类色、类似色、对比色和补色：在色相环中，距离越近的两色，颜色所含的相同成分就越多，色相对比就越弱；距离越远的两色，颜色所含相同成分就越少，色相对比就越强。根据色相环中色彩距离远近以及色相对比的强弱，我们可将色彩之间的关系分为同类色、类似色、对比色和补色四种（图7-30）。

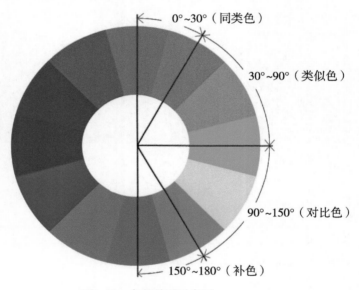

图7-30　色相关系示意图

　　同类色是指在色相环上相距角度为30°以内的两色；类似色是指在色相环上相距30°~90°的两色；对比色是指在色相环上相距90°~150°的两色；补色是指在色相环上相距150°~180°的两色。了解色彩之间的关系，为我们认识色彩、调配多种相似色、寻找丰富的差异色提供了依据。

改变色相的方法

1. 混入同类色、邻近色

　　当一色（有彩色）混入同类色和邻近色时，由于相混合的两色在色相环上相距较近，色相只是发生轻微变调。混合出来的色彩倾向取决于相混两色的混合的比例（图7-31）。

图7-31　同类色、邻近色混色效果

2. 混入对比色

对比色之间互混合，色相会发生巨大变化。三原色中的两色混合就属于对比色相混合，得到间色，色彩鲜艳、纯正。三间色之间的两色混合，也属于对比色相混合，混色得到极度晦涩的复色，色相极为暧昧。自然界中很多富含灰色调的颜色都是由间色混合出来的（图7-32、图7-33）。

图7-32　对比色混色效果

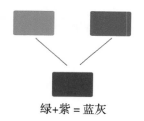 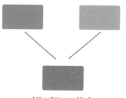 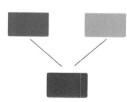

绿+紫 = 蓝灰　　　　　绿+橙 = 黄灰　　　　　紫+橙 = 红灰

图7-33　间色混色效果

3. 混入补色

若混合的两色为色相环上相距最远的互补色，混出的新色为黑灰色。这是一种极度灰暗的色彩，纯度极低，几乎分辨不出色相（图7-34）。

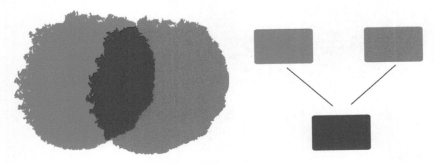

图7-34 补色混色效果

? 想一想

下列的格布是由什么色彩组合配置的，为什么远距离观察时（图7-35）不易辨别，当你近距离观察时（图7-36），却能观察到组合格布的这两种色？当我们和格布之间有一段距离时，色彩发生了什么变化，为什么会发生这种变化？

图7-35 远距离观察到的格布

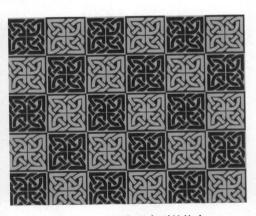

图7-36 近距离观察到的格布

将不同的颜色并置在一起，当它们在视网膜上的投影小到一定程度时，眼睛很难将它们独立地分辨出来，就会在视觉中产生色彩的混合，这种混合称空间混合，又称并置混合。这种混合的特点在于其颜色本身并没有真正混合，而在视觉中产生了色彩的混合。异色经纬交织面料的色彩，其实是经色和纬色混合的颜色，即便混合色很鲜艳，一旦和眼睛距离远些，这些鲜艳色会产生混色，变得灰暗、含蓄。

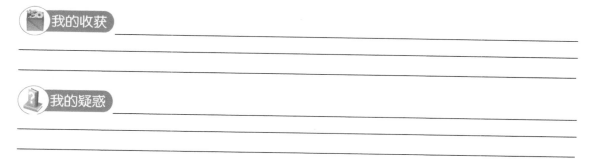

找到本年流行色卡中的20种色（你调色盒里所没有的），调制这20种色。

任务3 明辨色彩的深浅

任务目标
* 掌握明度色阶的绘制方法。
* 掌握明度变化的方法。

工具箱

* 铅笔、调色盒、直线笔、毛笔。

子任务1 明度色阶绘制

？小问号

　　在绘画中明度的作用很重要，如素描，它只凭借黑白两色明度的推移变化就能组织丰富的画面空间。在色彩绘画中，色彩明度推移是以明度的色阶渐变为基础的，所以，要学习色彩明度知识我们需要进行明度色阶的训练。训练中，一个颜色要调配出多个明度色阶，这很不容易，怎样做才可以顺利地完成明度色阶的绘制呢？

　　所有的色彩都有自己的明度和明度值。明度色阶是帮助我们分辨各色明度值的工具，在绘制明度色阶前，让我们先来了解明度和明度色阶。

　　明度：就是指色彩的明亮程度。我们把明亮的色称为高明度色，把深暗的色称为低明度色，而不亮也不暗的色称为中明度色。自然界中明度最高的色为黄色，明度最低的色为黑色；在有彩色中，黄色的明度最高，紫色的明度最低。从色相环的排列顺序中，就能明显地看出明度的变化是由黄到紫呈现的明度阶次变化（图7-37）。

图7-37　各种色彩的明度

　　明度色阶：明度色阶是研究明度的重要工具。明度色阶一般从深（黑）到浅（白）分为11个色阶，白色为10，黑色为0。在色阶中1、2、3级为低明度色，4、5、6级为中明度色，7、8、9、10级为高明度色（图7-38）。

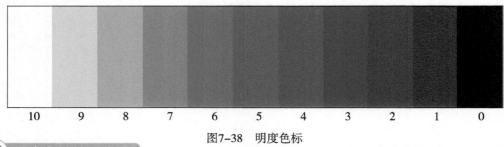

10　　9　　8　　7　　6　　5　　4　　3　　2　　1　　0

图7-38　明度色标

🎨 **明度色阶绘画步骤**

步骤1　勾线稿

用铅笔细致地画出明度色阶11格方形轮廓（图7-39）。

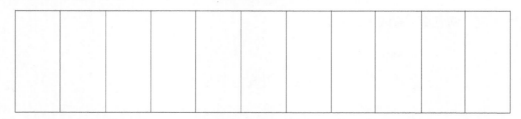

图7-39　勾线稿

步骤2　调色

　　要在调色盒中调制明度阶次变化的11种色，应先调出色阶首尾的黑、白两色和色阶中间（6号色）的基础色，再依次调出基础色与黑、白的过渡色，注意过渡要均匀（图7-40、图7-41）。

图7-40　调色实例及对应位置

图7-41　所调色彩在调色盒中的位置安排

步骤3　填色

用毛笔和直线笔将调好的颜色填在铅笔稿的相应位置。注意应将调好的颜色依次间隔填充，这样可避免先填充的颜色与后填充的颜色因未干而相互渗透交融（图7-42）。

图7-42　填色顺序实例

 开眼界

明度色阶作业欣赏（图7-43、图7-44）

在自然界中，物体的许多明暗变化，都属于色彩明度的序列渐变，在明度色阶作业中，我们巧妙利用色彩的明度序列变化，可以产生逼真的立体效果和光晕效果，以下作业就很好地体现了这一点。

图7-43

图7-44

我的收获 _____

_____

_____

 我的疑惑 _____

_____

_____

 自我测评　**在12色色相环中选择一色绘制该色明度色阶。**

其评价标准：　◇　明度变化显著。
　　　　　　　◇　明度推移过渡均匀。
　　　　　　　◇　绘制效果细腻。

子任务2　改 变 明 度

小问号

　　各种色彩都有自己的明度变化，有的色彩很容易进行明度变化，有的则不好变化，有什么好的方法可以丰富我们的明度变化手法呢？

　　明度是色彩的骨骼：明度在色彩三要素中具有较强的独立性，三要素中的色相与纯度必须依赖一定的明度才能显现，而色彩一旦产生，其明度就会出现。色彩可以不带任何有彩色相的特征，而仅仅通过黑、白、灰的关系单独呈现出来。图7-45和图7-46分别是同一张照片的彩色和黑白效果。我们可以把明度看做色彩的骨骼，把明度关系看做是画面色彩结构的关键。了解色彩明度的重要作用，为我们组织画面色彩结构提供了依据，在保证画面用色不变的前提下，

图7-45　彩色效果

图7-46　黑白效果

我们可以改变色彩的明度以寻找理想的色彩效果。以下介绍几种改变明度的方法。

改变明度的方法

1. 混入水

一种颜色（水粉、水彩）加入水可以改变它的明度。加入的水量越多，颜色的明度会越高，颜色的透明度也会相应地提高。在时装画中，色彩以水调和，使色彩呈现特定的明度和透明状态，可以获得极佳的视觉效果（图7-47）。

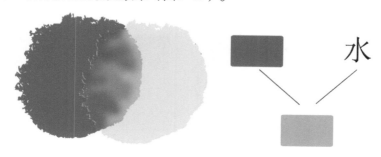

图7-47 加水混色效果

2. 混入不同明度的颜色

颜色之间也可以相互混合，当一种色与它明度不同的色彩混合时，明度就会发生改变，将会混合出两种色中间明度的第三色，混入色和被混入色明度差异越大，混合后的色，明度的变化也就越大（图7-48）。

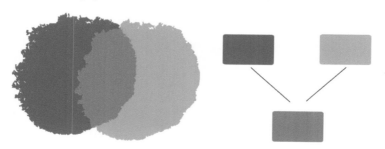

图7-48 不同明度的颜色混色效果

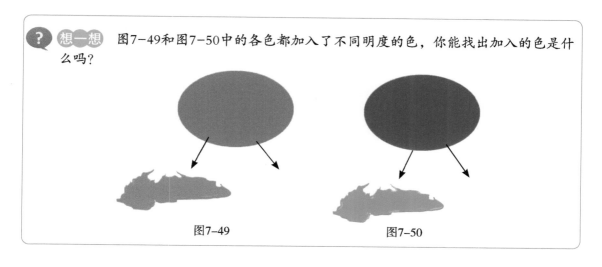

? 想一想 图7-49和图7-50中的各色都加入了不同明度的色，你能找出加入的色是什么吗？

图7-49   图7-50

3. 混入白或黑

一般情况下，当有彩颜色和黑、白两色相混时，颜色的变化是剧烈的：混入白色，明度提高；混入黑色，明度变暗。不过，如果被混入色和黑色或白色的明度相近，明度几乎不会改变。所以在进行明度推移练习时，最好不要选择和黑色或白色明度接近的灰色（图7-51~图7-53）。

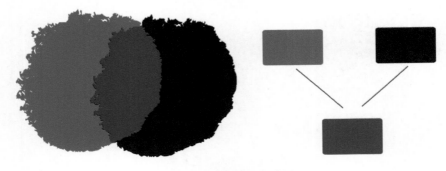

图7-51　黑色的混色效果

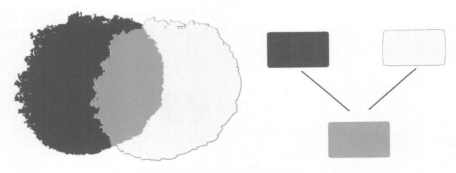

图7-52　白色的混色效果

图7-53　明度相近的灰色混色效果

 我的收获

_____

_____

_____

 我的疑惑

_____

_____

_____

自我测评　　搜集10种高明度色彩和10种低明度色彩（排除鲜艳色），用你调色盒中的鲜艳色以及黑白色来调制该色。

任务4　品味色彩的鲜浊

任务目标　* 掌握纯度色阶的绘制方法。
　　　　　* 掌握纯度变化的方法。

工具箱

　* 铅笔、调色盒、直线笔、毛笔。

子任务1　纯度色阶绘制

? 小问号

　　各种色彩都有自己的纯度变化，但是经常不被我们所察觉，从前也没有留意过纯度这一色彩要素，所以对它很陌生，觉得它有难度。那么纯度到底是什么呢？纯度色标又该如何绘制？

　　纯度：是指色彩的纯净程度，亦称饱和度。纯度表示颜色中所含该色成分的比例，比例越大，纯度越高；比例越小，纯度就越低。虽然色相环中的颜色，色彩纯度高，但也存在着纯度差异，无彩色因为没有色相，故纯度为"0"（表7-1）。

表7-1　孟塞尔色立体的各色纯度等级

色相	红	黄橙	黄	黄绿	绿	蓝绿	蓝	蓝紫	紫	紫红
纯度	14	12	12	10	8	6	8	12	12	12

　　纯度色阶：纯度色阶是研究各色纯度的工具。将一个饱和度很高的色相按一定比例逐渐加入同明度灰色，直至变成完全的中性灰，就可以获得一个完整的纯度色阶。在这一同色相

纯度色阶中，等距离地划出10个阶段，纯灰色为1阶，除纯灰色以外，其他9色又可分为高纯度、中纯度和低纯度三个层次。即纯色和接近纯色的10、9、8阶为高纯度色阶，接近灰色的4、3、2阶为低纯度色阶，两者之间的7、6、5为中纯度色阶（图7-54）。

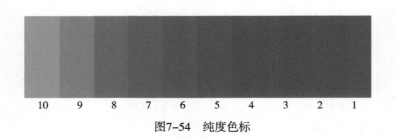

图7-54　纯度色标

纯度色阶绘画步骤

步骤1　勾线稿

用铅笔细致地画出纯度色阶十格方形轮廓（图7-55）。

图7-55　勾线稿

步骤2　调色

要在调色盒中调制纯度阶次变化的十种色，应先调出位于色阶首尾的基础色和与其同明度的灰色（1号色），再依次调出基础色与这个灰色的过渡色，注意过渡要均匀（图7-56）。

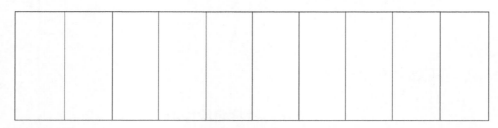

图7-56　调色实例

先调出基础色和灰色，为保证两色为同明度，可在草稿纸上反复比对和调试（图7-57）。

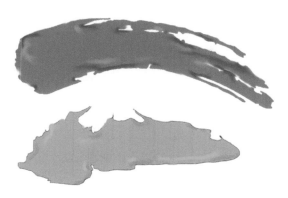

图7-57　调基础色和灰色

步骤3　填色

　　用直线笔和毛笔将调好的颜色填在铅笔稿的相应位置。填颜色的顺序和绘制手法与明度色阶的相同。

? 想一想　下列纯度色阶作业中，调色的不足在哪里？如图7-58和图7-59所示。

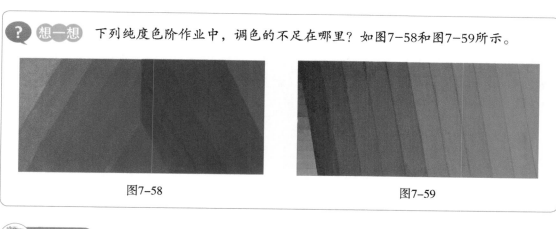

图7-58　　　　　　　　　　　　　　　　　图7-59

我的收获

_____

_____

_____

我的疑惑

_____

_____

_____

自我测评　**在12色色相环中选择一种颜色绘制该颜色的纯度色阶。**

　　其评价标准：◇　纯度变化显著。

　　　　　　　　◇　纯度推移过渡均匀。

　　　　　　　　◇　绘制效果细腻。

子任务2 改变纯度

? 小问号

混色会引起色彩明度和纯度的变化,有时在变化明度的同时也变化了纯度,有时没有变化明度却也变化了纯度……那是什么样的混色改变了纯度呢?

颜料混合改变纯度: 把任意的两种或两种以上的颜色相混合,可以调出一种新的颜色。混合后的颜色在纯度上会有所变化(对于混合色中的鲜艳一方来说纯度降低),如果混合的颜色明度一致,则混合后的颜色纯度变化而明度不变,如果混合的颜色明度不一致,则混合后的颜色纯度和明度都会发生改变。可见,只要发生混色,混合的颜色纯度都会发生变化。了解颜料调色对色彩纯度的影响,为我们改变色彩纯度提供了依据,以下介绍几种改变纯度的方法。

改变纯度的方法

1. 混入不同纯度的颜色

当一种颜色混入其他色彩时,纯度就会产生变化。一般情况下,混入色的纯度高,得到的颜色纯度相对较高,混入色的纯度低,得到的颜色纯度相对较低(图7-60)。

混合时,若相混的两色色相接近,则混出的颜色纯度降低得少;若两色色相差异大,则混出的颜色纯度降低得多。因此,要混合出纯度较高的新颜色,一定要选择在色相环上距离较近的颜色;而要混合出纯度较低的新颜色,一般要选择在色相环上距离较远的两个颜色,如紫+黄、红+绿等(图7-61)。

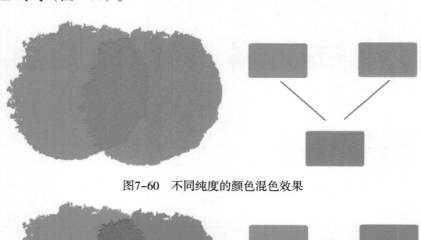

图7-60 不同纯度的颜色混色效果

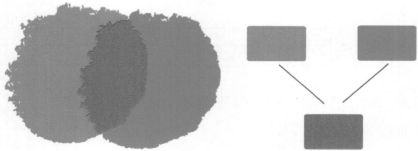

图7-61 对比色混色效果

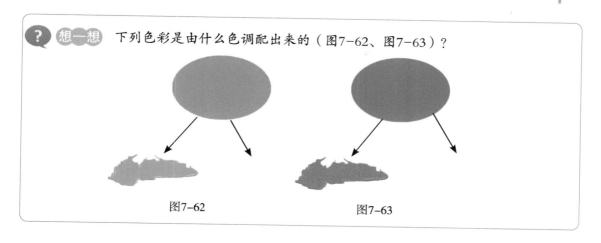

图7-62　　　　　　　　　　图7-63

2. 混入黑、白、灰

改变一个颜色的纯度，最常用的办法就是混入黑、白、灰，因为黑、白、灰的纯度为零，混出的颜色纯度降低得最多（图7-64）。

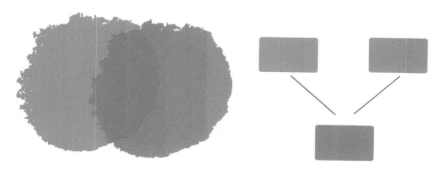

图7-64　与无彩色混色效果

另外，在改变一个色彩的纯度过程中无论加白、加灰还是加黑，不仅使色彩的纯度发生变化，还会在不同程度上使颜色的冷暖倾向发生变化。一般来说，冷色有些变暖，暖色有些变冷。在设计时，这种变化一定要考虑到（图7-65、图7-66）。

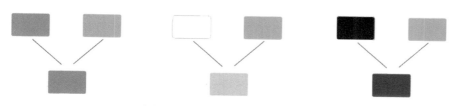

图7-65　暖色混黑、白、灰效果

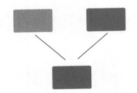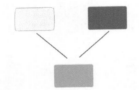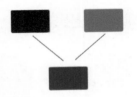

图7-66　冷色混黑、白、灰效果

开眼界

布料色彩纯度与布料材质有密切关系

　　在服装设计领域，材料是影响设计色彩纯度非常重要的因素。材料不同，其光反射率就不同，反映出的颜色也不同，同样的色彩印染在各种不同质地的面料上，会呈现出不同的色彩效果。如丝绸面料对于色彩的吸收率和反射率都是很高的，所以丝绸面料的色彩鲜艳；而棉布就没有丝绸反射效果好，所以色彩纯度较低；粗的麻布反射效果就更差了，呈现的纯度更低。因此，要根据材料的特点来斟酌服装的色彩设计（图7-67～图7-69）。

图7-67　麻纱　　　　　图7-68　绸缎　　　　　图7-69　牛仔

我的收获

我的疑惑

自我测评　　搜集10种中纯度色和10种低纯度色（除黑白外），用你调色盒中的鲜艳色和黑、白色来调制该色。

任务5　丰富我们的色彩

任务目标
* 了解设计色彩采集的各个领域。
* 掌握设计色彩重构的方法。

工具箱
* 色彩图片资料、铅笔、调色盒、毛笔。

？小问号

　　身边的色彩这么多，但是一开始设计，就只会使用几种平时惯用的颜色。这是缺少色彩采集的方法的缘故吧，那么，如何对自然色和人工色进行分解、组合和再创造呢？

　　服装色彩的采集：色彩的采集是从被采集对象的色彩中，筛选出具有美感价值的色彩素材，抽取其中色块面积比例，借鉴其中构成形式，保持其原主色调与整体风格。可采集的色彩素材是非常广泛的，民族文化遗产、大自然物象、异国风土人情、各类文化艺术和不同艺术流派用色风格都是我们采集和筛选的范畴（图7-70~图7-72）。

图7-70　自然色彩采集

图7-71　民间色彩采集　　　　　　　　　图7-72　绘画色彩采集

色彩重构的方法

　　色彩重构是在重新组织色彩形象时，将被采集对象原有的色彩视觉样式注入自己的表现理念，重新组合出带有明显借鉴倾向的崭新的作品。重构组合包括归纳重构和创意重构两个方面。

1. 归纳重构的方法

　　归纳重构是在遵照原素材整体色彩结构的基础上，将复杂的画面概括成比较抽象的图案或几何图形，同时对其色彩进行整合取舍。注意画面构图结构要和原素材保持一致。归纳重构是一种最直接、简单的重构组合形式（图7-73、图7-74）。

图7-73　原素材

图7-74　归纳重构

2. 创意重构的方法

创意重构是以采集对象为依据，通过想象和发挥，找出原素材与设计作品之间的内在联系和外观的相似性。组成全新的画面结构，重构时要做到与采集对象色彩面积比例相当，设计格调意境相似。创意重构在借鉴的同时带有创造性，目的是培养设计者的创造力，同时向原作借鉴色彩构成经验（图7-75、图7-76）。

图7-75　原素材

图7-76　创意重构

我的收获

_____

_____

_____

我的疑惑

_____

_____

自我测评　选择一幅色彩关系明确且丰富的图片（风景图尤佳），采集其中6~8种颜色，重构一幅色彩装饰画。

其评价标准：◇　主题表达准确，画面具有美感。

◇　重构的色彩与原色彩一致。

◇　绘制手法丰富、细腻。

学习图案基础知识

任务1　探寻图案的来源

 * 发现选择图案素材。
* 掌握对图案素材进行再造型的方法。

 工具箱

* 铅笔、色彩等绘画工具、照相机。

知识点1　图案的素材

小问号

　　用漂亮的图案来装饰服装是设计师常用的方法，这样的漂亮服装不少，你注意过这些图案常取自什么素材？你能独具慧眼挖掘出新的素材吗？

小辞典

　　服饰图案：是指专用于服装的装饰性图形，是把图案素材通过艺术概括和加工按照一定规律组织起来，并能通过一定工艺手段与服装结合的图形。

　　观察图8-1，服装的款式如果没有图案的装饰，是不是逊色了很多呢？

　　用图案来装饰服装，可以起到美化的作用，是服装设计中常用的手法。可以用来做图案的素材种类很多，我们要独具慧眼挖掘出新的素材，运用合理而简便的方法记录下素材资料，为图案设计积累丰富的资料。

图8-1 服装有无图案装饰的对比

（一）素材的种类

丰富的素材是我们进行图案创作的源泉，自然界的许多事物都可作为图案素材，这些素材大体可分为具象和抽象两种形式。

1. 具象素材

源于自然生活，易于认识和接受，有利于直观和有效地传达设计理念。常见的具象素材主要有以下几种：植物、动物、人物、图腾形象等（图8-2）。

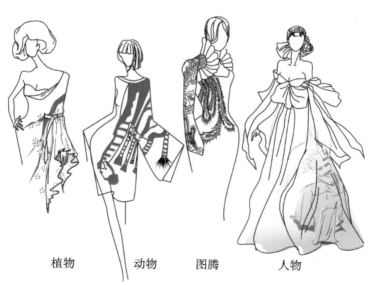

植物 动物 图腾 人物

图8-2 具象素材

除了以上几种常见图案素材以外，运用于服装的其他具象素材还有风景、器物等（图8-3）。

图8-3　其他素材

2. 抽象素材

不直接模拟客观物象形态，常以抽象的点、线、面、形等元素出现。常见的抽象素材有以下几种：几何形、任意形、文字等（图8-4）。

几何形　　　　文字　　　　自由形

图8-4　抽象素材

图8-5服装中的图案素材是什么？

图8-5 各种服装上的图案

（二）素材的记录

在善于观察和发现事物素材的基础上，我们还需要学习记录素材的方法，为图案创作积累资料，是图案造型变化的基础。常使用的方法有写生法、速写法、照相与摄像法等。

1. 写生法

写生法是向生活取材的一种手段。它需要我们面对取材对象，通过深入的观察、认识、分析和描绘，加深对物象特征的了解。它的表现手法与一般绘画写生的基本相同，但是考虑到下一步还要进行变化造型，所以图案写生要求更具体、更细致、更工整。不仅要注意物象的外形、轮廓，还要分析对象的特征、生长规律，记录下它的动态、结构等。既要有整体的描绘，也需要局部细节的刻画。根据写生方法和风格的不同，常见的有以下四种（图8-6）：

（1）线描：是运用线条的粗细、顿挫、转折描绘物象的方法。要求线条生动活泼、变化丰富，根据物象的特点，运用不同的线质来表现。特点是清楚明了、准确肯定。

（2）影绘：是采用阴影平涂的描绘方法，将物象处理成平面剪纸的形式。要求能概括、大体地抓住对象总的精神面貌。特点是简练、概括。

（3）明暗：是运用光影明暗的方法描绘物象。要求明暗关系层次分明。特点是有立体感、空间感。

（4）色彩：是加入运用水粉、水彩等颜料描绘物象的方法。

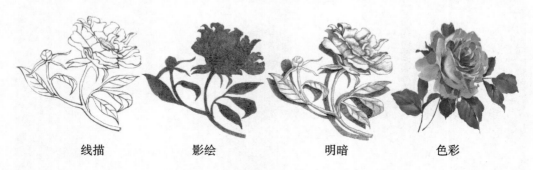

线描　　　　　　　影绘　　　　　　　明暗　　　　　　　色彩

图8-6　写生法

2. 速写法

速写法是以敏锐的眼光，迅速而准确地进行形象的"捕捉"。它"捕捉"的是一个印象，有很大的感观成分。便于记录运动的或有情绪变化的对象（图8-7）。

图8-7　速写法

3. 照相与摄像法

这是采用专业器械设备采集素材的方法。对于瞬息万变的光影效果、困难复杂的环境、快速或微妙的运动，现代化设备有着独到、便捷的处理手段（图8-8）。

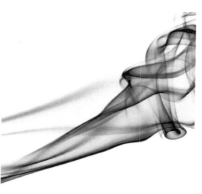

图8-8　照相法

_____

_____

_____

_____

自我测评　　　大自然为我们提供了极其丰富的物象形态，这是我们图案设计取之不尽、用之不竭的素材源泉，比如图8-9中这些"美丽的花儿"。从"美丽的花儿"中任选两款，用写生法记录。

图8-9　美丽的花儿

其评价标准：　◇　合格：形态准确，线条流畅且运用得当。

◇　优秀：形态准确、生动、有细节，能发现对象独特的美，线条有特点和表现力。

知识点2　图案的造型方法

值得绘画和记录的事物很多：美丽的鲜花、可爱的小狗……但是一味采用写实的造型作为图案装饰，则毫无变化，难免单调乏味，如何能把"它们"变出花样来呢？

● 小辞典 ●

造型变化：也称变形，它是改变（简化、夸张或其他形式的改变）所反映的现实对象的性质、形状、色彩等，使对象脱离自然形态，成为更加完美的艺术形象，增加其表现力和感染力。理想的图案变化是形神兼备的，尽管从形式上它和实际物象不一定相同，但物象的实质特征却被进一步加强了。这种图案变化要高于实际生活，达到审美的要求。

观察图8-10中两幅造型，它们是生活中常见的素材，金鱼的华美，牛的执着，经过艺术的加工，形象更生动了，风格更典型了。

服饰图案是以实用为主要目的的设计，不同的装饰目的需要不同的装饰形象作为图案。把搜集记录的素材，根据创作意图进行艺术加工予以变化，改造成为适应一定工艺材料制作和用途的图案形象，就是图案的造型。

图案的造型变化，需要掌握一定的技巧和方法，可归纳为写实变化与写意变化两大类：

（一）写实变化

写实变化是以实际物象的形象为主，抓住对象最美、最主要的部分，去掉繁琐的部分，使物象更单纯、完整、典型化。写生变化的图案，造型接近自然形态，比较真实（图8-11）。

图8-10　造型

图8-11　写实

（二）写意变化

写意变化就是在自然物象的基础上，充分发挥想象力，运用各种处理方法和表现技法，抓住对象的主要特征写其大意，使主题更鲜明，特征更明显。常用的手法有夸张、添加、求全、寓意、拟人卡通化。

1. 夸张

夸张是用加强的手法突出对象特征。夸张法有的变形形体、有的夸张动态，它并非是随心所欲地加强或削弱，要有生活基础，尊重原形特点（图8-12）。

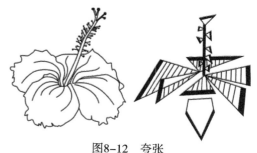

图8-12　夸张

? 想一想　图8-13中的夸张体现在哪些方面？

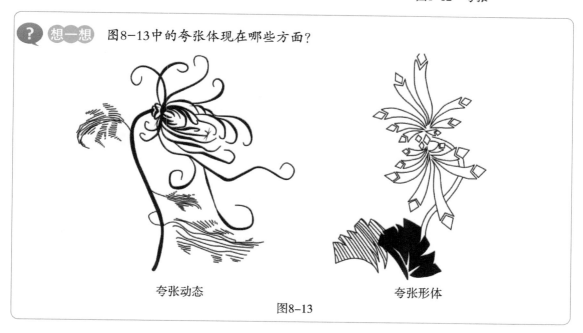

夸张动态　　　　　　　　夸张形体

图8-13

2. 添加

添加是另外添加新的装饰内容，使图案更趋丰富的手法。它不是简单的填充，而是起到丰富作品肌理效果、展现个性情趣的作用（图8-14）。

图8-14　添加

3. 求全

求全是不受客观自然的约束，把不同时间、空间的事物组合在一起，追求完美的体现，是一种理想化的表现手法（图8-15）。

图8-15　求全

4. 寓意

寓意这种手法是将某种意义表现在一定的图案之中，表达一定的观念理念或美好愿望，或象征特定的形象、身份，如"喜上眉梢""双凤朝阳"和羊毛企业的标志等（图8-16）。

喜上眉梢　　　　　　　　　　双凤朝阳　　　　　　　　　羊毛企业的标志

图8-16　寓意

5. 拟人卡通化

拟人卡通化把人性附加于物象，或是指带有儿童倾向的漫画造型手法（图8-17）。

图8-17　拟人

 开眼界

"美丽的花儿"变形篇如图8-18和图8-19所示。

下图综合运用点线面对牵牛花的花头和叶子进行了变形，呈现出多资多彩的造型。而野菊花只是单纯用线的变化来造型，则呈现出不同的意趣。

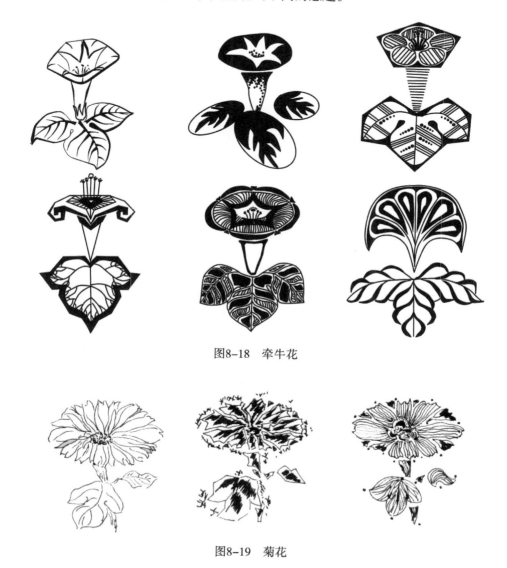

图8-18 牵牛花

图8-19 菊花

 我的收获

我的疑惑　_____

_____

_____

　自我测评　　以"秋天的树叶"为题目进行图案变化。要求先画出"树叶"原型，然后运用所学规律，做出至少三种变化造型。

　　其评价标准：◇ 合格：能够做出变化造型。
　　　　　　　　◇ 优秀：有思想，有创意。

任务2　认识更多风格的图案

任务目标　* 识别各种图案的风格。
　　　　　* 了解图案的风格与服饰风格的关系。

工具箱

* 各种风格图案资料。

知识点1　传统风格图案

？小问号

　　服装伴随人类历史走过了漫长的道路，在每个历史时期都留下鲜明的着装风格特点，也形成了具有传统风格的图案，那么这种风格的图案都有哪些呢？

　　浏览图片资料，图8-20这款男装的设计，带有典型的历史色彩，其使用的设计手法主要就是图案的设计，营造出浓浓的复古风格。这种图案是传统的卷草图形。

　　人的生活方式和生活态度反映在图案中，形成了具有代表性的形式，传达出其特有的人文思想理念。不同历史时期，有着特定的社会制度和宗教文化，以及当时生产力决定的经济形式的影响，图案的内容和形式都随着不同的历史时期悄然地发生了改变。

　　我们把这些反映历史时期特点的图案，归类为传统风格的图案。从原始社会、古埃及到巴洛克、洛可可时期的图案都在历史上留下了鲜明的特点。下面具体介绍这几种传统风格的图案。

图8-20　传统风格

（一）古代原始风格

原始风格的图案表现在原始人类用来装饰身体的鸟羽、兽骨，制作的彩陶、面具，刻画的图腾、岩画。原始人类的自我表现和美化，经过漫长的岁月，演变为原始风格图案并应用于服饰之中，这种服饰图案带着特殊的、原始的、粗犷的、质朴的美，一再被现代服装重新演绎（图8-21）。

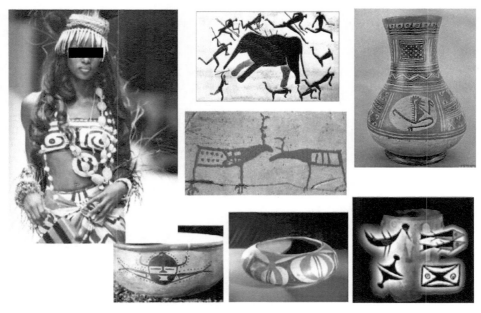

图8-21　古代原始风格

（二）埃及神秘风格

埃及的古代文明，是世界上最古老的文明之一，其高超的建筑、雕刻、绘画和制造技术，至今仍充满了无穷的魅力。在古埃及，人和动物形象的图腾，象征宇宙的涡旋图案，古代金饰陶器、战争武器、度量器具等，都是古埃及风格图案常表现的题材。其特点庄重浑厚、静穆神秘（图8-22）。

图8-22　埃及神秘风格

（三）欧洲宫廷风格

这种风格的图案受宫廷艺术影响，多用曲线及艳丽浮华的色彩，其特点是豪华艳丽、气势雄伟、装饰性强；图案富有曲线趣味，常采用C、S涡旋形曲线，以变形的卷草叶、花朵、果物、贝壳等为题材，热衷于精雕细琢的表现手法，华丽繁琐（图8-23、图8-24）。

图8-23　欧洲宫廷风格用品

图8-24　欧洲宫廷风格服饰

🖼 我的收获 _____

_____

_____

🗝 我的疑惑 _____

_____

👥 自我测评　**收集具有传统风格的图案。**

知识点2   民族风格图案

　　民族风格的图案带有明显的地域性，世界文化的融合反而让人们有了更个性的审美追求。民族的就是世界的，这些民族风格的图案是我们宝贵的财产，该怎样利用呢？

　　影视明星范冰冰曾穿过多款具有中国民族风格的礼服，比如"龙飞凤舞"、"丹凤朝阳"、"踏雪寻梅"和"仙鹤"服，它们分别使用了中华民族的吉祥图案龙、凤、鹤、鱼、梅来设计"中国风"的礼服。图8-25是两件具有民族风格的礼服。

图8-25   民族风格礼服

　　在强调个性化的时代，民族的即是世界的，民族风格的图案越来越受到重视。那么都有哪些典型的民族风格的图案呢？民族风格图案种类繁多，具代表性的有阿拉伯风格、非洲风格、夏威夷风格、中国吉祥风格、日本友禅风格等。

（一）阿拉伯风格

阿拉伯风格以白色为主要表现原素，其艺术作品少有人物和动物的塑造，多使用几何图案、文字书法和巧妙的构思。其题材中的一种是植物形，不拘泥于真实物象，构成对称和规则的富有流动感的卷曲形连续图案。另一种题材是结晶形，以圆形和方形为基础，构成各式各样的多角形，圆中有方，方中见圆的反复循环变换的组合形式（图8-26）。

图8-26　阿拉伯风格

（二）非洲康茄风格

康茄是非洲主要的民族服饰之一。它是一块方形的印染织物，根据用途可包覆身体作为头巾、披风、半身长裙。其图案题材较广，只是禁忌采用动物图案。用色基本不超过四套色，其特殊的图案方式独立成体，图案既古朴稚拙又灿烂迷人（图8-27）。

图8-27　非洲康茄风格

（三）美洲印加风格

在欧洲人到达美洲以前，印第安人在美洲大陆上创造出一些高度发展的古代文明。印加帝国以今天的秘鲁为核心区域，成为美洲最大的帝国，是传说中的黄金之地。后由于内乱日趋衰落，这失落的文明，在今天越发显得珍贵而神秘。印加风格图案多以直线或以直线构成的三角形、菱形、多边形等几何结构来组成，几乎回避弧曲线。印加人崇拜太阳与月亮，圣鸟与圣兽，这些形象与几何形结合，用色简洁且纯度较高（图8-28）。

图8-28　美洲印加风格

（四）海岛夏威夷风格

夏威夷风格图案多以扶桑花为主，另有椰子树、鸢尾花、龟背叶、热带果实等。其以当地热带风光、生活景物、海洋生物为背景题材，还时常穿插波利尼西亚及英文文字图案。其图案通常为大型图案的组合，色彩常采用大量高纯度、高明度或中明度的补色对比，色彩艳丽明快（图8-29）。

图8-29　海岛夏威夷风格

（五）中国吉祥风格

把美好的故事和喜庆的征兆绘成图像，用来表达求吉避凶的观念。比如 "连生贵子" "福寿双全" 等，"图必有意，意必吉祥"，吉祥图案成为传达美好祈愿的一种载体，中国的审美文化心理形成了 "吉祥" 图案的特色，也为中国乃至世界服饰文化带来美好题材（图8-30）。

图8-30　中国吉祥风格

（六）日本友禅风格

友禅染是日本特有的印染技法之一，是日本和服最重要的装饰。樱花是友禅图案的主角。日本民族有赏樱花的风俗，千百株樱花竞相盛开时，美随着花瓣绽放在那种执著的追求中，当凋零飘落时，美又散落在一地的纯洁孤高中，它既有洗练的高雅含蓄，也有浓郁的奢华繁盛，是友禅风格图案追求的美学特色和意境（图8-31、图8-32）。

图8-31　友禅染　　　　　　　　　图8-32　日本和服

我的收获

_____

_____

_____

 我的疑惑

_____

_____

_____

自我测评 **收集具有民族风格的图案。**

知识点3 艺术流派代表图案

小问号

　　各艺术流派在时代的进程中，发展了自己独特的艺术思想，形成了自己独特的艺术语言，它们当中有代表性的图案有哪些呢？

小辞典

　　艺术流派风格：每一次社会生活方式的变革，都由思想艺术的先锋者驱动，他们的思想观念和对行为艺术的探索都影响到服饰图案的设计，从而形成带有其艺术流派风格的图案形式。

　　浏览图片资料，抽象派画家蒙德里安的作品《红、黄、蓝的构成》，被著名设计师伊夫·圣洛朗演绎成经典的服装图案样式，此后，又被艺术家们广泛应用于建筑、装饰、服装设计中（图8-33）。

　　各个风格多样的艺术流派作品，可以为图案的设计提供丰富的灵感。艺术风格其流派众多，下面选其中对服装影响较大的几种加以介绍。

荷兰画家蒙德里安作品《红、黄、蓝的构成》

图8-33　蒙德里安样式

（一）波普（POP）风格

"POP"是POPULAR的缩写，意即流行艺术、通俗艺术。大众的、短暂的、低廉的、年轻的、大量生产的、浮夸的……是其不同形式作品的点滴诠释，带有叛逆、无聊、空虚、疏离的意味。波普艺术打破了艺术和生活的界限，把生活中的讯息，尝试用新的媒介和方式融入艺术，同时将艺术带入高雅或街头，拉近了艺术与公众的距离，能引起广泛共鸣，被群众理解、欣赏和消费，这种被消费的艺术表现了发达的商业社会中人们内在的情感，并不断被社会赋以新的含意（图8-34）。

图8-34　波普风格

（二）抽象风格

抽象风格是指艺术形象较大程度偏离或完全抛弃自然对象外观的艺术风格。对服装设计影响比较多的抽象派艺术家有蒙德里安、毕加索、米罗和康定斯基等（图8-35）。

图8-35　抽象风格

（三）街头涂鸦风格

涂鸦本意为乱写，不刻意地描画。后指在墙面、车身等界面上的涂画，起源于纽约街头。这些涂画带有反文明的破坏，被具有批判精神的艺术家所吸收，形成一种新的艺术形式（图8-36）。

图8-36　街头涂鸦风格

我的收获

我的疑惑

 自我测评　**收集艺术流派代表风格的图案。**

任务3　认识服饰图案的独特造型方法

　＊ 了解各种图案的工艺技术。

工具箱

　＊ 各种图案工艺资料。

小问号

　　图案对于服装来说除了是装饰和美化元素外，还能表达思想，彰显个性。但是，要将图案和服装面料很好地结合，要使用哪些工艺技术呢？

　　浏览图片资料，图8-37中展示的是某高级定制发布会的服装，其以牡丹为主题，以"国色天香"为意境，以传承中国传统手工艺"缂丝"为理念，设计的华服典雅而奢华。缂丝已有4000多年的悠久历史，作为皇家御用品，传世极为罕见，被誉为"用刀刻过的丝绸"。其实，这一传神的中国古老丝织品，并非真的用刀来雕刻。它是以生蚕丝作经线，彩色熟丝作纬线，采用"通经断纬"的巧夺天工之技法织成，具有雕琢镂刻的效果且富双面立体感，故获"刀刻的丝绸"之千古美赞，又因其工艺精纱绝伦而被推崇为"织中之圣"。此发布会的服装也因此绝技而越发惊艳（图8-37）。

　　服饰图案的应用设计，要借助一定的服装面料及加工工艺的配合，合理巧妙的工艺处理可以为图案本身添光增彩，起到画龙点睛的作用；所以服饰图案的美是整体形、色、质的和谐统一。服饰图案的造型方法，常见的有以下几种：

图8-37　缂丝技艺

（一）印染工艺

印染是用染料或颜料在纺织物上施印图案的工艺方法（图8-38）。可分为两大类：

1. 直接印染法

这是在织物上通过手绘、滚筒、丝网或转印纸等手法，将颜色直接印在织物上的图案制作方法。其图案正面清晰，但织物背面模糊或看不到。涂料印制的图案手感不如染料印染的柔软，但绘制时不容易渗化，较好控制。

2. 防染印染法

这是利用防染剂或防染手法得到素底花布的图案制作方法。我国民间传统的扎染和蜡染工艺就属于这一类型。

图8-38　印染工艺

 开眼界

扎染和蜡染（图8-39）

扎染：是一种古老的纺织品染色工艺，古时被称为绞或绞缬。它是用线、绳对织物进行紧固的结、系捆、绑、缝扎，然后放在染液中进行煮染。由于结扎的外力作用，拆除扎线洗去浮色后，织物上即可显现出奇特的花纹。

蜡染：是利用蜡的拒水性能，将蜡融化，用笔蘸蜡液在织物上画出图案，再浸入染料，由于蜡的防护作用，未涂蜡的部分产生染色效果，退除蜡质后织物上就显现出未经染色的底色花纹。

图8-39　扎染和蜡染

（二）织造工艺

织造是纱线在织成织物的同时形成图案的工艺方法。其工艺受设备影响较大。可分为三大类（图8-40）：

1. 提花

这种工艺是运用特殊的提花机，在织造过程中对织物中已上色的经线或纬线进行特殊处理而形成图案的制作方法。其工艺方法较复杂，成本也高，常见于丝织物的生产，如我国传统的织锦、织锦缎等。

2. 色织

这种工艺是通过染过色的经、纬线交织形成图案的一种方式。工艺简单，成本较低，常见于条格面料的生产。

3. 烂花

这种工艺一般用涤纶长丝外包有色棉纤维的包芯纱织成织物后，用酸制剂糊印花，经烘干、蒸化，使印有花纹的部分棉纤维水解烂去，再经水洗后呈现出只有涤纶的半透明花形。

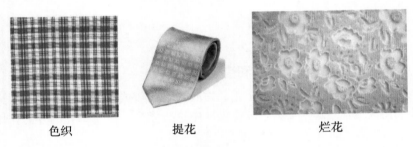

色织　　　　　　　　提花　　　　　　　　　烂花

图8-40　织造工艺

（三）手工工艺

手工工艺是通过小型的手工操作制作图案的方法（图8-41），可分为：

1. 刺绣

这是用针线在织物上制作图案的方法。在刺绣方式上，有手绣和电脑机绣等。手绣的表现特点取决于针法的选择与运用，机绣实现了快速规模生产。我国刺绣历史悠久，在风格上有著名的苏绣、粤绣、蜀绣、湘绣四大名绣，十字绣在民间也十分流行，现代珠绣、绳绣、雕绣、贴补绣等新的绣种层出不穷，丰富了手绣的技法。

2. 饰花

这是用布料、丝带等材料制作成立体花饰的图案制作方法。

图8-41　手工工艺

开眼界

刺绣工艺（图8-42）

手绣平绣：针法丰富、色彩精致，图案丰富细腻。

珠绣：以空心珠子、珠管、亮片、宝石为材料，将其缀于服装上，风格立体，高贵华丽。

绳绣：将较粗的线、绳类材质缝缀在衣饰上，形成图案。现代常用电脑绳线机来完成。风格粗犷大方。

贴补绣：将其他颜色或材质的面料剪贴、绣缝在衣饰上，其中间还可填充棉花，使图案富有立体感，块面感强，风格简练大方。

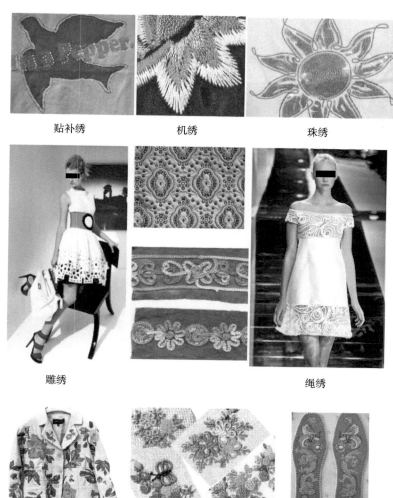

图8-42 刺绣工艺

 我的收获

我的疑惑

自我测评　　**使用服饰图案的加工工艺完成一幅图案设计。**

其评价标准：◇ 图案造型严谨、完整。

◇ 做工精细。

◇ 创意新颖。

图案基础训练——掌握各形式图案的绘制

 项目目标　　* 掌握各种图案的种类及绘制方法。
　　　　　　　　* 了解各种形式的图案是如何应用于服装的。

工具箱

绘画工具——纸、笔、色彩。
直尺和圆规。
拷贝纸。

任务1　单独式图案绘制

❓ 小问号

　　服装班的同学们在工艺课上亲手缝制出来的鞋垫和包包,用图案装饰一下真是既漂亮又精致,怎样为这些工艺品设计绘制图案呢?

　　单独式图案:是图案最基本的组织形式,具有相对的独立性和完整性。它包括自由式图案和适合式图案。

1. 自由式图案

　　自由式图案不受边框限制,也没有固定格式,是图案中最活泼的一种图案(图9-1)。

2. 适合式图案

　　适合式图案是具有一定外形限制的图案纹样。它是将图案素材经过加工变化,组织在一定的轮廓线内,即使去掉外形,仍有外形轮廓的特点,花纹组织必须具有适合性,所以称为适合纹样(图9-2)。

图9-1 自由式图案

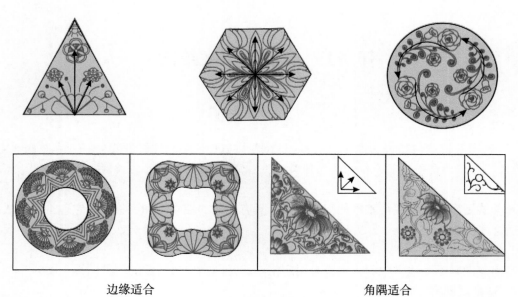

边缘适合 角隅适合

图9-2 适合式图案

 自由式图案绘制步骤

步骤1 确定比例位置及基本骨架线

首先确定图案在服装中的位置及大小，用线标明。绘制出图案的走势，这一步只是大概的图样，不必过于追求精细（图9-3）。

（1）确定图案的位置。

（2）高度从胸线向下。

（3）宽度在胸腰位饱满。

（4）此图案为龙，龙头的大小和位置要躲开胸袋和领，以保持图形完整。

步骤2 绘制图案轮廓

绘制出图案的具体形态，图案在适合一定形体时，充分考虑细节的形态。构图饱满合理。

确定龙图大形，先用长直线画主要形体（图9-4）。

步骤3 绘制具体细节

进一步绘制龙图的具体形态，对细节进行深入刻画，小到龙须、龙尾的形态，一根龙须的走势，力求生动（图9-5）。

图9-3 自由式图案步骤一　　图9-4 自由式图案步骤二　　图9-5 自由式图案步骤三

步骤4 着色

最后着色。先上大面积的色彩，确定主色调，再确定搭配色和点缀色（图9-6）。

图9-6 自由式图案步骤四

适合式图案绘制步骤

步骤1 确定基本骨架线

确定方形图案在服装中的位置和大小，再绘出单元图案位置的骨架线，依据骨架线，把龙图进行设计变形（图9-7）。

图9-7 适合式图案步骤一

步骤2 绘制单元图案

绘制单元图案位置的骨架内的图案。先画主体图案，再添加次要图案，注意单元骨架内的图案要均匀饱满（图9-8）。

图9-8 适合式图案步骤二

步骤3 复制其他单元图案

用拷贝纸拓印单元图案，根据适合式图案的骨架进行多次复制，完成适合式图案线稿（图9-9）。

图9-9 适合式图案步骤三

步骤4 着色

先考虑龙色彩的风格，选择适宜的色彩进行着色，先画出大面积底色，再画图案主体色，接着添加搭配色，最后画点缀色（图9-10）。

图9-10 适合式图案步骤四

开眼界

更多单独式图案如图9-11、图9-12所示。其中自由式图案形象完整，用色丰富有情调。适合式图案外形明确，构图饱满不零散，造型疏密有致，变形自然。

图9-11　自由式图案

图9-12　适合式图案

我的收获

我的疑惑

自我测评　**选择一款服装，为其设计一幅单独式图案。**

其评价标准：◇　合格——构图饱满、形象生动。
　　　　　　　◇　优秀——图案素材与造型适合服装的风格，且有新意。

任务2　连续式图案绘制

?　小问号

花布、蕾丝花边，这些生活中的作品都大面积地使用了图案，怎样做才能省时省力地完成图案的设计呢？

连续式图案： 图案纹样按一定骨架反复排列的图案叫连续式图案。其特点是图案的纹样可以不断重复出现，图案的长度或面积可以无限制地延伸。

1. 二方连续

它由单位纹样向左右、上下反复排列组成，具有长条状特征（图9-13）。

图9-13　二方连续

2. 四方连续

它是单位纹样同时向上、下、左、右反复排列组成，具有块面状特征（图9-14）。

图9-14 四方连续

二方连续的绘制步骤

步骤1 确定比例位置

先确定二方连续的长方形边线廓形，再确定单元图案的基本骨架线（图9-15）。

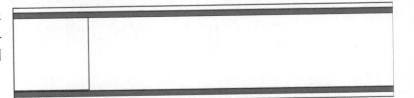

图9-15 二方连续步骤一

步骤2 绘制单元图形

先绘制大形，再细致绘制细节，注意单元图案的形式美感（图9-16）。

图9-16 二方连续步骤二

步骤3 复制其他单元图形

复制单元图案，在二方连续图案的骨架线中进行多次复制（图9-17）。

图9-17 二方连续步骤三

步骤4　着色

构思色彩搭配方案，先画底色，再画主色"寿"字形，最后添加搭配色，按照从大面积到小面积的顺序着色，要求画工细致精确（图9–18）。

图9–18　二方连续步骤四

 四方连续的绘制步骤

步骤1　确定比例位置

确定四方连续外形，绘制骨架线，骨架排列要均匀美观，为后面的各步绘制打好基础（图9–19）。

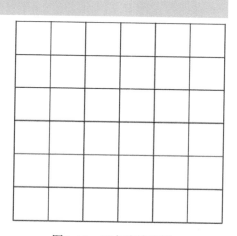

图9–19　四方连续步骤一

步骤2　绘制单元图形、复制

先于一个单元骨架内设计图案，再于其他骨架中复制单元图案，注意四方连续图案的连续性、均匀性（图9–20）。

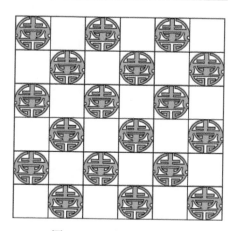

图9–20　四方连续步骤二

步骤3　着色

根据图案风格，设计配色方案，按照从底色——主色——搭配色——点缀色的顺序对图案进行涂色（图9-21）。

图9-21　四方连续步骤三

连续式图案是根据素材特点，巧妙设计结构方向的图案，其特点是造型合理，连续性强，如图9-22所示。

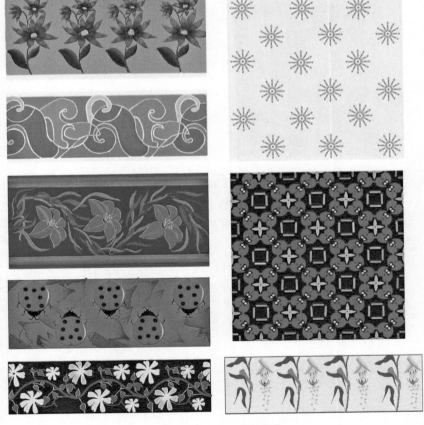

图9-22　连续式图案

　　二方连续图案常用在服装的门襟、下摆、口袋等部件边缘位置，起到装饰美化的作用。绘制时也是先画好骨架线，再复制填充图案。如有转角，在转角处的图案要做适当变形，如图9-23和图9-24中外弧线长过内弧线，"寿"字图案也相应做了透视变形处理。

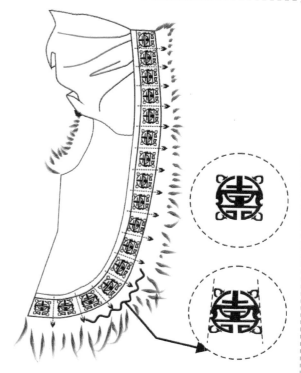

图9-23　转角变形

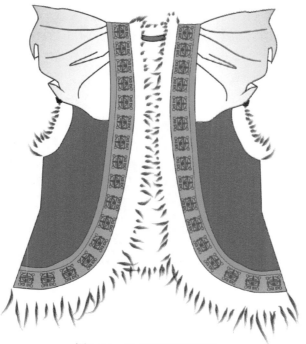

图9-24　二方连续图案服装

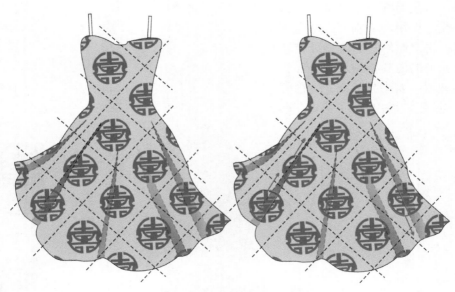

图9-25　图案根据衣褶结构变形

　　四方连续图案在服装中多以花布的形式出现，根据花形的大小，先绘制出骨架线，然后复制填充图案，在产生衣褶处，以衣褶为分界线，把其中部分图案上移或下移，形成错位，来模拟服装的立体效果。移动的方向没有特殊规定，但要注意一条褶线上方向要一致。形成错位的图案多产生在较大的衣褶处，不必面面俱到，选择主要的绘制就行（图9-25、图9-26）。

图9-26　四方连续图案服装

我的收获 _____

_____

_____

我的疑惑 _____

_____

_____

自我测评　**绘制一幅连续式图案。**

其评价标准：◇ 合格——构图饱满、形象生动。

◇ 优秀——图案素材与造型适合设计作品，有新意。

服装效果图训练

任务1 为服装绘画人体着装

* 了解人体着装的规律。
* 掌握各造型服装着装的方法。

* 服装人体资料、服装画资料、2B铅笔、素描纸。

子任务1 S形服装着装

?小问号

S形服装较合体，很多同学都喜欢画S形服装，因为只要你画了人体，再按照人体外形勾画，就可以得到服装的外形线了。可是我们画的着装效果，就像穿了一件紧身的纸壳衣服一样，没有衣褶，也没有面料的感觉，完全没有体现服装之下的人体，这些问题该如何解决呢？

服装的衣褶： 由于人体运动，服装受伸拉力影响而产生衣褶，衣褶因其受力方式的不同，可以分为折叠型和牵引型两种。折叠型衣褶一般出现在关节弯曲的内侧，因衣服受挤压形成，线条同向堆积，衣褶近似平行。而牵引型的衣褶是由于运动使两个结构点之间的衣服产生牵拉所引起的，这样的衣褶主要是由肢体扭转而带来的，纹路一般呈放射状（图10–1）。

 **绘画步骤**

步骤1　服装外形的绘制

在服装效果图绘制中，一般先画简略人体，在人体的基础上套穿服装，所以人体着装图的第一步，是在人体的基本形态上绘制服装的粗略外形。S形服装的外形较为贴体，轮廓线和人体基本吻合，应顺应人体造型绘制出服装的大形（图10-2）。

步骤2　服装款式的绘制

在服装大形的基础上，整理出服装的轮廓和基本款式。S形的服装是贴合人体体表起伏的，绘制轮廓时，要充分考虑人体的立体效果，将服装的造型、款式和分割的立体感表现出来（图10-3）。

步骤3　服装细部的绘制

将服装的各部分细节（如明线拼接、图案、衣褶等）和人体细节（五官、头发等）进行充分深入的描绘，之后用顺畅、完整的线条整理着装图。S形的服装由于较为贴体，衣褶相对较少，也较短小，多出现于形体的转折部位，如腋下、腰部、肘部、膝盖等地方，属受两形体挤压而形成的折叠型衣褶，绘制衣褶时要暗示出挤压形体的界限（图10-4）。

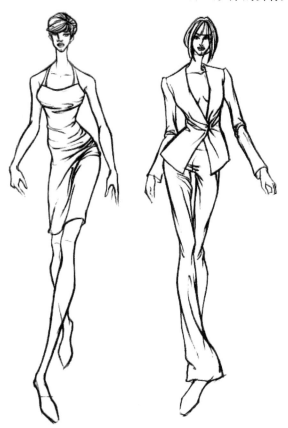

图10-1　服装的衣褶

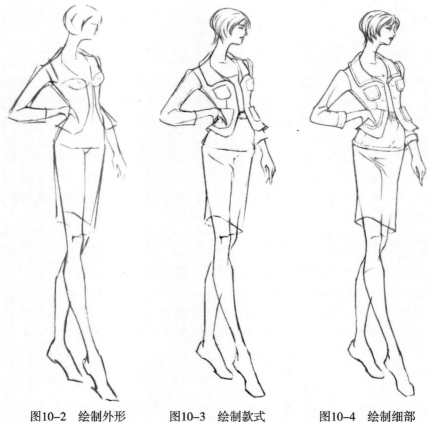

图10-2 绘制外形 　　　图10-3 绘制款式 　　　图10-4 绘制细部

  比较下列两张S形服装的着装图（图10-5、图10-6），你认为哪一个处理得更美观、更合理？

服装外形线规整，衣褶只出现在关节弯曲处，衣褶线条短小，近似平行，和完整的外形线形成对比。

服装的褶纹出现于外形线上，使得外形线极不规整，服装的合体效果没有表现出来。

图10-5 　　　　　　　　　　　　　　　　　　　　图10-6

 我的收获

_____

_____

 我的疑惑

_____

_____

自我测评　**绘制S形服装的着装图。**

其评价标准：◇　服装外形表达准确。
　　　　　　◇　服装结构立体，透视正确。
　　　　　　◇　衣褶组织美观、有表现力。

子任务2　T形服装着装

小问号

　　T形服装上宽下窄，腋下宽松肥大，有很多人画不出宽松的效果，有的同学将衣服画成气囊了，该如何表现这种宽松的T形服装呢？

　　服装和人体的离合规律：当服装穿着于人体时，服装与人体间会形成贴紧或分离的不同效果，从而使服装廓形有别于人体廓形。在三种情况下服装与人体处于一种分离状态，一种是服装宽松有放松量，在宽松的部位服装与人体是分离效果；另一种是服装受重力作用而下垂，在重力的下方向服装与人体悬离；再一种情况是由于人体运动使服装飘动，在运动的后方向，服装和人体分离开来（图10–7）。

图10–7　服装与人体的离合

绘画步骤

步骤1　服装外形的绘制

着装图的第一步，是在人体的基本形态上绘制服装的简略外形。T形服装的外形上宽松下贴体，受重力作用影响，服装肩部轮廓线和人体紧贴，服装腋下部宽松量很大，在该部位绘制离体的服装外形，而服装下部收紧，因此此处要画出合体的服装廓形（图10-8）。

步骤2　服装款式的绘制

此步以服装大形为基础，整理出服装的款式、轮廓和衣纹走向。T形的服装虽然宽松，但也能暗示人体结构，绘制时要注意腋下宽松部位的褶纹组织，此处褶纹属于牵引型衣褶，画这样的衣褶，要从肩臂部突起处往下画，形成肩臂和腰胯间的牵引线；画衣褶走向的同时，还要注意对褶纹穿插的表现，力求将服装的结构层次表达出来（图10-9）。

步骤3　服装细部的绘制

T形衣服宽松，衣褶较多，较薄的布料比较厚的料子形成的衣纹更细碎。在上一步的基础上，将服装的轮廓线、褶纹线和服装细节充分整理描绘，用顺畅线条勾画出来（图10-10）。

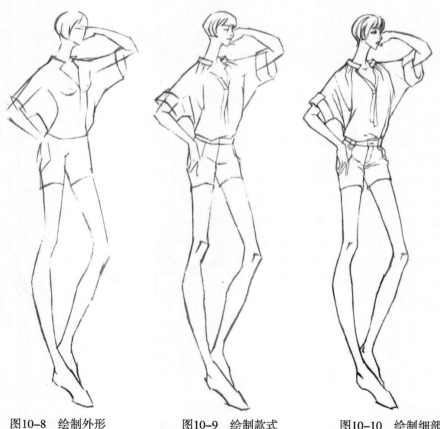

图10-8　绘制外形　　　　　图10-9　绘制款式　　　　　图10-10　绘制细部

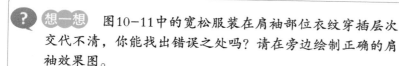 **想一想**　图10-11中的宽松服装在肩袖部位衣纹穿插层次交代不清，你能找出错误之处吗？请在旁边绘制正确的肩袖效果图。

图10-11

我的收获

_____

_____

_____

我的疑惑

_____

_____

 自我测评　**绘制T形服装的着装图。**

其评价标准：◇　服装外形表达准确。
　　　　　　◇　服装结构清楚，服装离合以及透视关系正确。
　　　　　　◇　宽松部位衣褶效果生动合理。

子任务3　X形服装着装

？小问号

　　欣赏过很多X形的女服效果图，画的效果特别优美，面料轻盈的状态被刻画得淋漓尽致，怎样才能把X形服装生动地表现出来呢？

　　不同外形的服装应选择恰当的人体姿态：时装画中的人体是展示服装的载体，是为了展示服装的造型款式而设置的，所以服装人体的姿态，要根据所展示服装的款式来设计。如S形的服装适合用扭腰拧胯，双腿并拢的姿势，以展示服装的紧身束腰和收拢的下摆；T形的服装适合双腿并拢，上肢动作展开的姿势，这样极易表现上宽下窄的服装廓形；X形服装则可选一个上肢和下肢都伸展的姿势，因为X形的外形需要一个能架起服装的人体衣架，只有舒展的动态才能充分展示服装的廓形，体现宽摆下装飘逸的效果（图10-12）。

图10-12　服装的外形与恰当的人体姿态

 绘画步骤

步骤1　服装外形的绘制

　　着装图的第一步，在人体基本形态上绘制服装的简略形。X形服装的外形为上下宽松中部紧身，绘制其外形时，紧身部位的廓形应顺应人体绘制。上下部宽松膨大，绘制时应根据款式加放量和人体动作方向，刻画其宽大膨起的体积（图10-13）。

步骤2　服装款式的绘制

　　以服装大形为基础，绘制出服装的款式和褶纹。X形服装刻画的难点在于膨起部位的衣褶组织，尤其是下装衣褶纹路，这些衣褶都是由臀部呈放射状垂下的。另外，下装衣褶还会受到人体不同姿势的影响，衣褶往往能标示腿部的动作方向（图10-14）。

步骤3 服装细部的绘制

在上一步的基础上，我们将服装的褶纹线、轮廓线、款式线充分组合整理。X形的服装松紧悬殊，衣褶较多，要分清褶皱的主次和层叠关系，主要衣褶、上层衣褶下笔要肯定、明确，线条也要粗一些；而次要衣褶、下层衣褶则相反。画衣纹时还要注意线条的虚实变化，一般紧贴人体的衣褶应当实些，稍离开人体的衣褶应当虚些，用笔就应该较为飘逸（图10-15）。

图10-13 绘制细部　　　　图10-14 绘制款式　　　　图10-15 绘制外形

❓ 想一想　X形服装的下装以宽摆裙为常见，下列宽摆裙着装图都有错误（图10-16、图10-17），你能说出错误的原因是什么吗？

裙下摆处褶纹和腰部褶纹属于牵引型衣纹，但此图这两部分，却上下不能相互呼应，衣纹走向混乱。

当人体走动时，服装会向运动的反方向飘动，此图的人腿处于裙中轴位置，没有表现出裙子的动态。

图10-16

图10-17

 我的收获 _____

_____

_____

❓ 我的疑惑 _____

_____

👥 自我测评　**绘制X形服装的着装图。**

　其评价标准：◇ 服装外形表达准确。

　　　　　　　◇ 服装结构清楚，服装衣纹组织美观、合理。

　　　　　　　◇ 人体动态适合表现服装款式。

任务2 为服装草图着色

任务目标
* 了解各着色法的特点。
* 掌握时装着色的方法。

工具箱

水彩用具：水彩纸、绘图纸、水彩色、毛笔、钢笔。
水粉用具：水粉纸、水彩纸、水粉色、毛笔。
彩色铅笔用纸：白卡纸、素描纸、彩色铅笔。

子任务1 彩色铅笔效果图的绘制

小问号

有很多时装画都用到了彩色铅笔，它应该有许多适合时装画表现的特性吧。彩色铅笔和素描铅笔都是铅笔，用它画时装画是否和铅笔素描的方法很相近呢？

彩色铅笔的特性： 彩色铅笔可分为普通彩色铅笔和水溶性彩色铅笔。普通彩色铅笔，质地松软，易脱落，作画完毕后要用定画液固定。水溶性彩色铅笔上色性好，颜色之间容易交融，在绘制后，利用清水渲染可以融开，效果近似水彩画效果。整体而言，彩色铅笔与水粉、水彩相比，同一色的鲜艳度要低，不宜表现鲜艳的服装色。

彩色铅笔用纸应依据所画服装的材料质地来准备，如画光滑质地的服装面料，可选质地细滑的复印纸、白卡纸；画粗糙质地的服装面料，可选粗颗粒的素描纸（图10-18）。

图10-18 彩铅效果图

绘画步骤

步骤1 彩铅勾稿

先用铅笔或彩色铅笔,轻轻地将时装画的轮廓线画到纸面上,要求轮廓尽可能具体、详细,具有立体感(图10-19)。

步骤2 层层叠色

首先在彩色铅笔中找到服装和人体的色彩(比服装和人体的基本色稍浅),将效果图的不同色块进行打底,再用各色块的基本色从形体的阴影部分或转折处开始上色,将各部分的立体感初步画出来,上色过程中颜色不要一次画得过深。接着用比基本色稍深的色,再次从形体的阴影部分或转折处画起,并向浅色推晕,以强调立体感(图10-20)。

步骤3 深入刻画

用丰富的调子层次与色彩,充分描绘服装的结构、形态、质感和细节,尤其对主要部位进行细致刻画。描绘时注意各种面料的高光、亮面、暗面和反光的明度差;描绘时还要注重结合几种颜色来表现同一服装色块,使用相互重叠、多色多变的笔触达到多层次的混色效果,使效果图色调既统一和谐,又变化多端(图10-21)。

图10-19 勾稿   图10-20 叠色   图10-21 深入

开眼界

彩色铅笔时装画欣赏

用彩色铅笔来绘制效果图，通过运笔力度的不同可产生色彩的明暗变化，所以适合表现调子的层次变化。绘画者借助此工具多表现写实性较强的服装效果图，通过对亮面、暗面、反光面的深浅层次处理，可以表现出面料特有的光泽感，利用丰富的笔触刻画，则可表现出面料的粗糙感。但采用这些技巧作画要求绘画者必须有较扎实的素描基本功（图10-22）。

彩色铅笔具有粉状颗粒，配合粗纹理的纸张，可表现出粗质的服装面料效果，如毛呢、编织材料、毛皮、牛仔布等都适合用彩色铅笔来描绘，可得到极佳的绘画效果（图10-23）。

图10-22　粗糙面料表现

图10-23　编制面料表现

我的收获

我的疑惑

自我测评　**运用彩色铅笔绘制服装效果图。**

其评价标准：◇　服装色彩搭配协调。
　　　　　　◇　服装结构及立体感表现清楚。
　　　　　　◇　服装质感表达准确，笔触及技巧能充分发挥所使用材料的特性。

子任务2　水彩效果图的绘制

?小问号

　　水彩的上色效果轻快透明，是我们最早接触的颜料。用水彩画时装画，怎样才能充分发挥颜料的特点，把效果图生动地表现出来呢？

水彩的特性

　　用水彩上色颜色透明、易干，是服装画上色技巧中较基础、较常用的表现手法。水彩的上色技法以简洁、明快、舒畅见长，适合表现薄透、飘逸的丝质或纱质面料。由于水彩颜料的透明特性，其可与钢笔、铅笔、麦克笔等工具结合使用，下面是毛笔淡彩、铅笔淡彩和钢笔淡彩三种形式的效果图（图10-24~图10-26）。

图10-24　铅笔淡彩　　　　图10-25　钢笔淡彩　　　　图10-26　毛笔淡彩

　绘画步骤

步骤1　钢笔勾稿

　　由于水彩覆盖力差，颜色清浅，使效果图勾线暴露无遗，所以水彩效果图应以勾线的形式为主，这使得线造型显得尤为重要。水彩效果图首先用钢笔勾线，勾线要肯定，要将服装款式与结构表达清楚，甚至对服装的一些细节也要表现得细致深入。勾线时还要将服装和人体的虚实效果表现出来（图10-27）。

步骤2　浅色打底

　　在线稿的基础上，先用浅色涂人物的发色、肤色及服装的基本色。上色时可将高光及亮面采用留白的形式描绘出来；在绘制时要求色少水多、涂抹畅快、干净利落，不追求细节，不追求详尽的明暗关系和微妙的色彩变化（图10-28）。

步骤3　深入刻画

　　用较深一些的颜色刻画服装的阴影部分，可多层、多次对服装细节加以刻画，使画面立体效果逐步加强。绘制中要能恰当地运用水彩画的技巧，如融染、叠色等技巧（图10-29）。

图10-27　勾稿　　　　　图10-28　浅色打底　　　　　图10-29　深入

开眼界

水彩时装画欣赏

在水彩时装画技巧中，晕染法较为常见，这种手法使色彩效果过渡自然，色彩透明，由浅入深，变化丰富，很适合表现薄透面料。而淡彩勾线的技巧，对于一些细腻效果的表现更为适合，如刺绣、蕾丝等面料的效果可以充分得以呈现（图10-30）。

由于水彩色的透明性好，在刻画薄纱面料时，可以充分利用其特性，采用叠色、勾色等技巧，使透明的纱质感清晰地表现出来（图10-31）。

图10-30　细腻面料表现

图10-31　薄纱面料表现

我的收获 _____

_____

_____

我的疑惑 _____

_____

_____

运用水彩颜料绘制服装效果图。

其评价标准：　◇ 服装色彩搭配协调。

　　　　　　　　◇ 服装有一定立体感。

　　　　　　　　◇ 服装质感表达准确。

　　　　　　　　◇ 笔触舒畅、用色明快。

子任务3　水粉效果图的绘制

小问号

　　水粉和水彩都是水溶性颜料，它们有什么不同？听高年级的同学说，水粉是画时装效果图最常用的颜料，它的优点又是什么呢？用水粉来画时装画，又有什么特殊的技巧？

　　水粉的特性：水粉颜料鲜艳、不透明，具有很强的表现力和可塑性。一般设计时会采用水粉厚画法来表现效果图，此法又可分为勾线平涂和无线厚涂两种技巧。

　　无线平涂画法适合表现褶皱不多、平整服帖的服装面料，以及繁复的服饰图案。平涂色可以理解成固有色，具体技法是以水粉颜料涂画服装和人体，形成大的色块效果；然后用线条勾画出细部（图10-32）。

　　无线厚涂并不依靠线来组织形象，是利用水粉覆盖力强的特点对服装进行丰富刻画，类似于色彩写生，效果立体丰满，颜色绚丽（图10-33）。

图10-32　勾线平涂　　　图10-33　无线厚涂

 绘画步骤

步骤1　画基本色

首先调配服装和皮肤固有色，所调之色应该避免过于鲜艳、刺激或者单纯；接着将所调固有色平涂在服装和人体的轮廓内。由于平涂效果较为呆板，应根据光源将亮面适当留白，这样做在表现形体立体感的同时，也增加了画面轻松感（图10-34）。

步骤2　深入刻画

为上一步平涂色加暗色，来刻画人体和服装的阴影部分，此步要着重进行细节刻画，注意刻画的笔触要美观且具表现力，一方面要使服装呈现立体效果，另一方面要使笔触和色块相配合，形成具有形式美感的画面（图10-35）。

步骤3　勾线整理

用细毛笔勾勒轮廓线，利用笔触的虚实变化来表现形体体积变化。勾线色彩除了使用黑色以外，还可以用灰色，或服装色的同色系深色，这样做可使色块与线之间产生一种融合感，从而破除平涂画面的死板感（图10-36）。

图10-34　画基本色　　　图10-35　深入　　　图10-36　勾勒

 开眼界

水粉时装画欣赏

水粉颜料色彩丰富，颜色鲜艳，适宜表现厚重、挺括的面料。水粉技法还极适合精细的刻画，具有极强的表现力和可塑性。利用水粉可以对服装的立体效果加以充分表现，一些丰富绚丽的图案也宜用厚画法来完成，它可以保留图案真实的纹样和色彩（图10-37）。

水粉颜料覆盖力强，适宜在有色纸上作画。在有色纸上绘制的效果图，易表现透明面料和光泽面料效果；着色时，首先对服装和人体的亮面进行刻画，再用亮面色加水进行亮暗过渡来刻画阴影部分。此法所选择的有色纸颜色以人体肤色、服装固有色或服装暗面色为常见（图10-38）。

图10-37　图案面料的表现

图10-38　有色纸上的效果

 我的收获 _____

_____

 我的疑惑 _____

_____

 自我测评　**运用水彩颜料绘制服装效果图**。

其评价标准：　◇　服装色彩搭配协调。

　　　　　　　◇　服装有一定立体感。

　　　　　　　◇　服装质感表达准确。

　　　　　　　◇　笔触及技巧能充分发挥水粉颜料的特性。

参 考 文 献

［1］比娜·艾布林格. 美国经典时装画技法·基础篇［M］. 徐迅，朱寒宇，译. 北京：中国纺织出版社，
  2003.

［2］刘孟. 应用结构素描［M］. 西安：陕西人民美术出版社，1996.

［3］丁一林，胡明哲. 当代素描教程［M］. 北京：北京工艺美术出版社，1996.

［4］丁杏子. 服装美术设计基础［M］. 北京：高等教育出版社，2005.

［5］王晓威. 服装图案风格鉴赏［M］. 北京：中国轻工业出版社，2010.